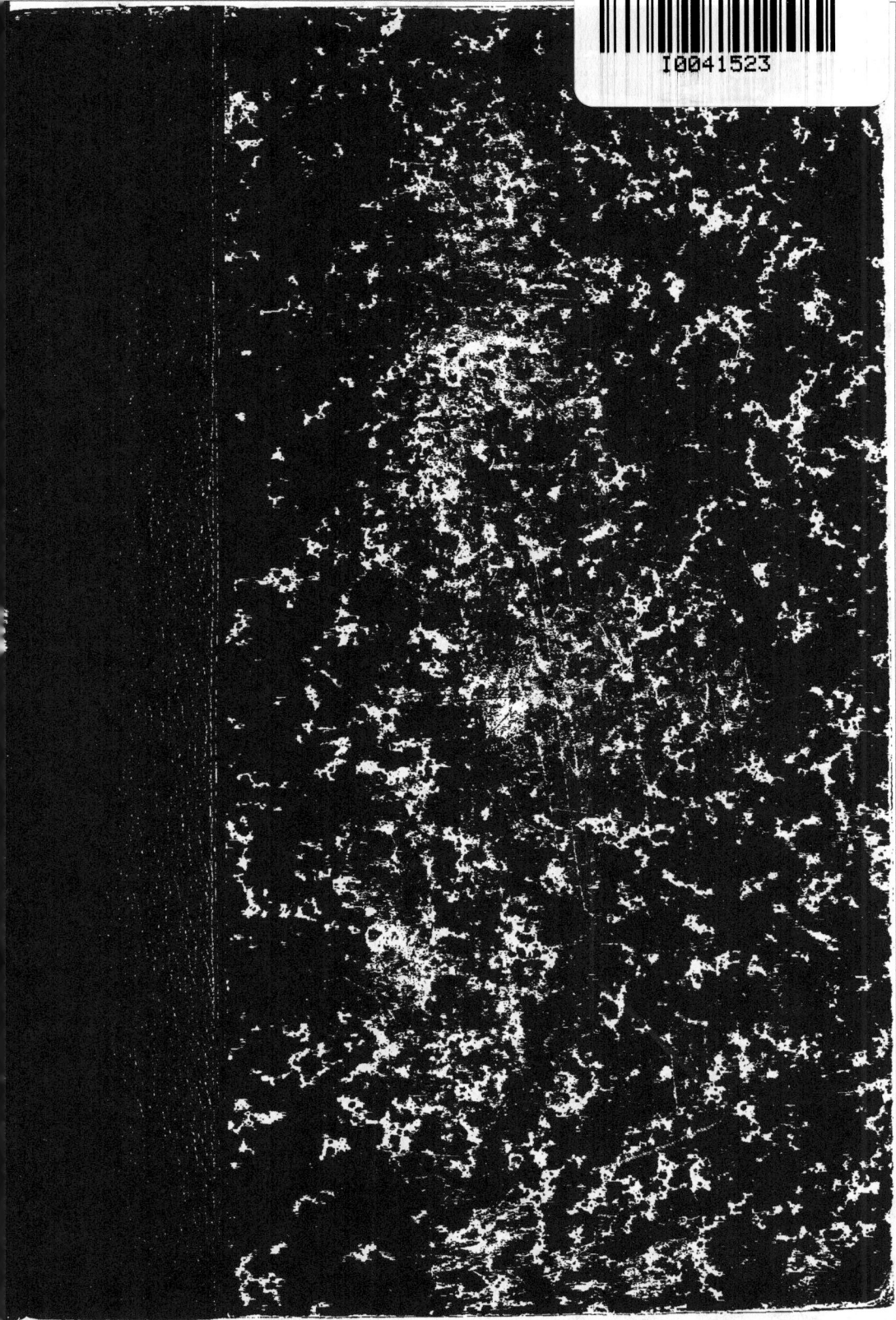

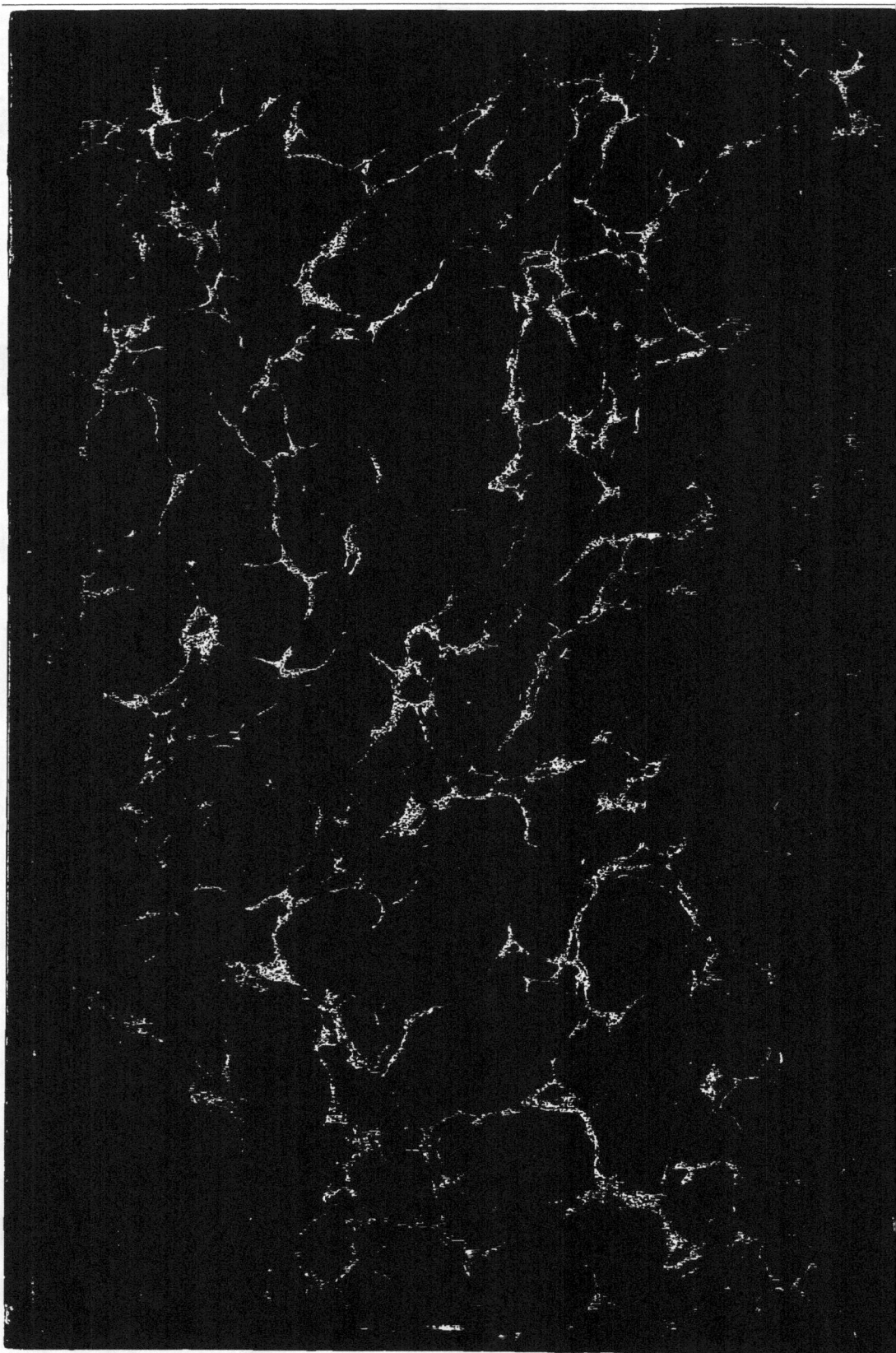

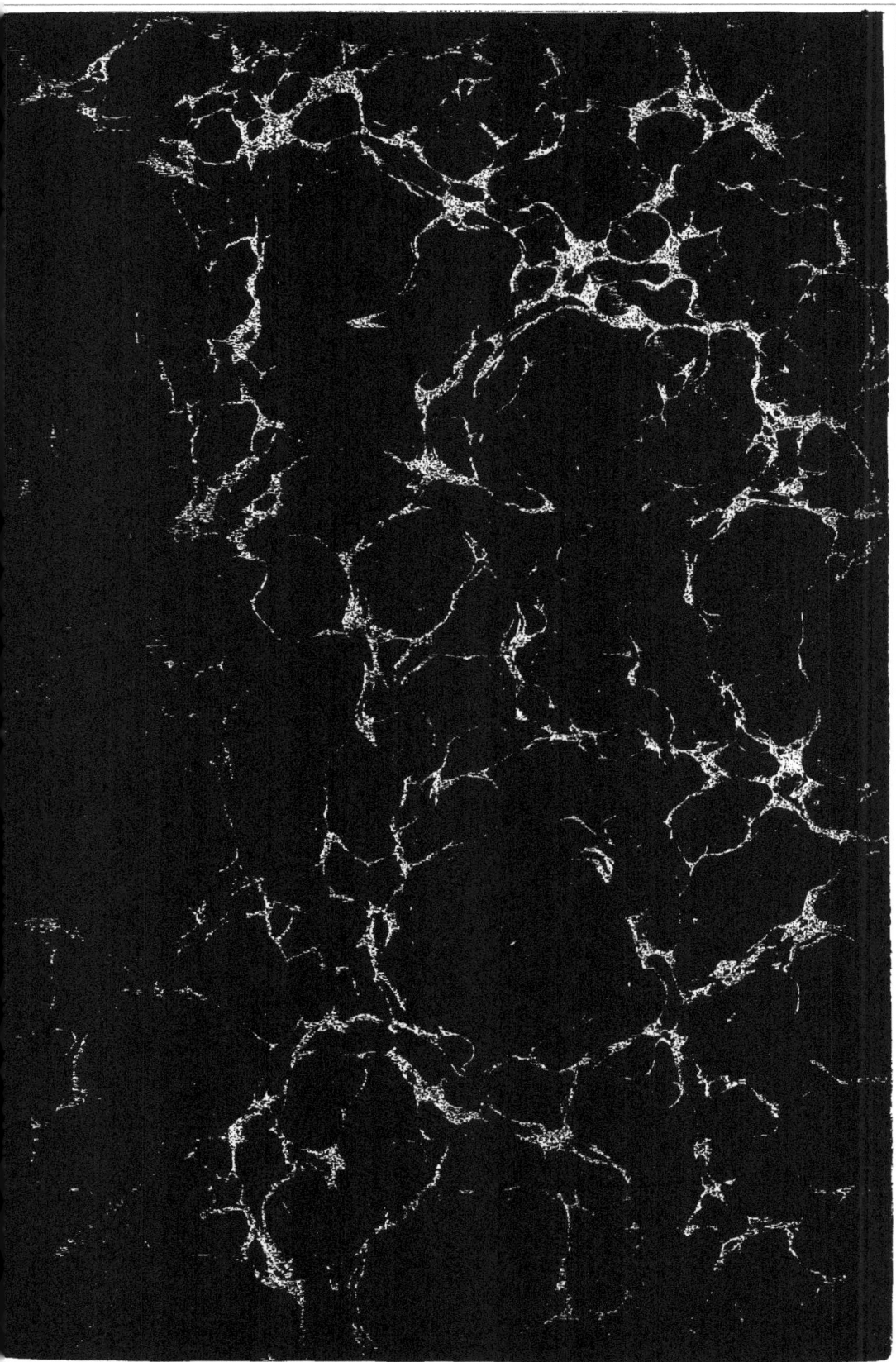

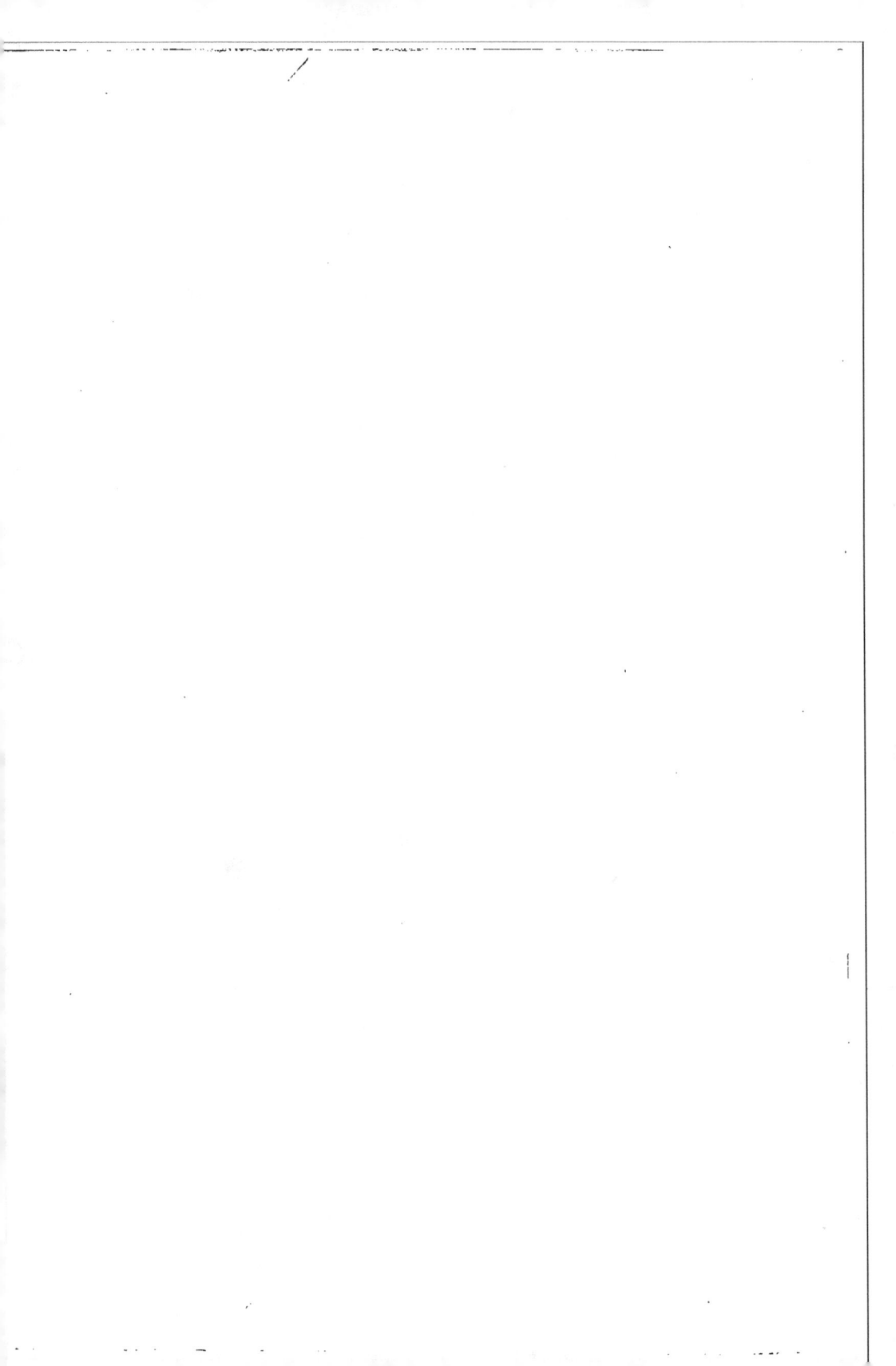

FAUNE ILLUSTRÉE

DES

VERTÉBRÉS

DE LA BELGIQUE

PAR

ALPHONSE DUBOIS

DOCTEUR EN SCIENCES

Conservateur au Musée royal d'histoire naturelle de Belgique, etc.

SÉRIE II.

LES OISEAUX.

Livraison

Bruxelles

A LA LIBRAIRIE C. MUQUARDT,

MERZBACH ET FALK

45, rue de la Régence, 45

Paris

A LA LIBRAIRIE ZOOLOGIQUE

DE E. DEYROLLE FILS

28, rue de la Monnaie, 28

ET CHEZ L'AUTEUR, RUE MERCELIS, 51, IXELLES LEZ-BRUXELLES.

187

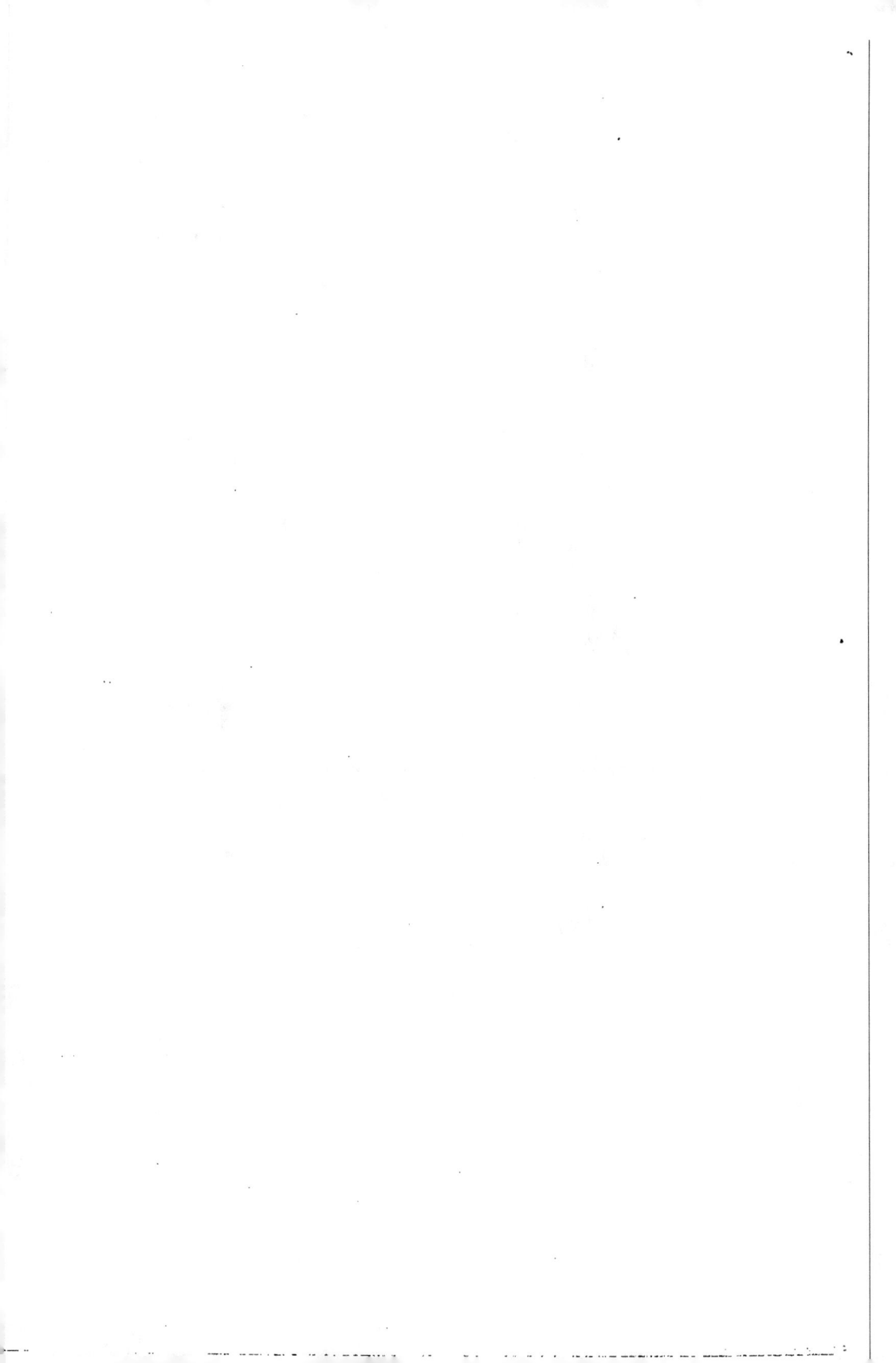

Bruxelles. — Imprimerie Adolphe Mertens. 22, rue de l'Escalier.

FAUNE ILLUSTRÉE

DES

VERTÉBRÉS DE LA BELGIQUE

SÉRIE DES OISEAUX

BRUXELLES. — IMPRIMERIE AD. MERTENS, RUE D'OR, 14.

FAUNE ILLUSTREE

DES

VERTÉBRÉS DE LA BELGIQUE

PAR

Alphonse DUBOIS

DOCTEUR EN SCIENCES,

CONSERVATEUR AU MUSÉE ROYAL D'HISTOIRE NATURELLE DE BELGIQUE,

CHEVALIER DE L'ORDRE DE LÉOPOLD,

MEMBRE DU COMITÉ ORNITHOLOGIQUE INTERNATIONAL ET PERMANENT,

MEMBRE HONORAIRE, CORRESPONDANT OU EFFECTIF DE PLUSIEURS SOCIÉTÉS SAVANTES.

SÉRIE DES OISEAUX

TOME II

ATLAS

BRUXELLES

A LA LIBRAIRIE C. MUQUARDT, TH. FALK S^r

Rue des Paroissiens, 18-20-22

1892

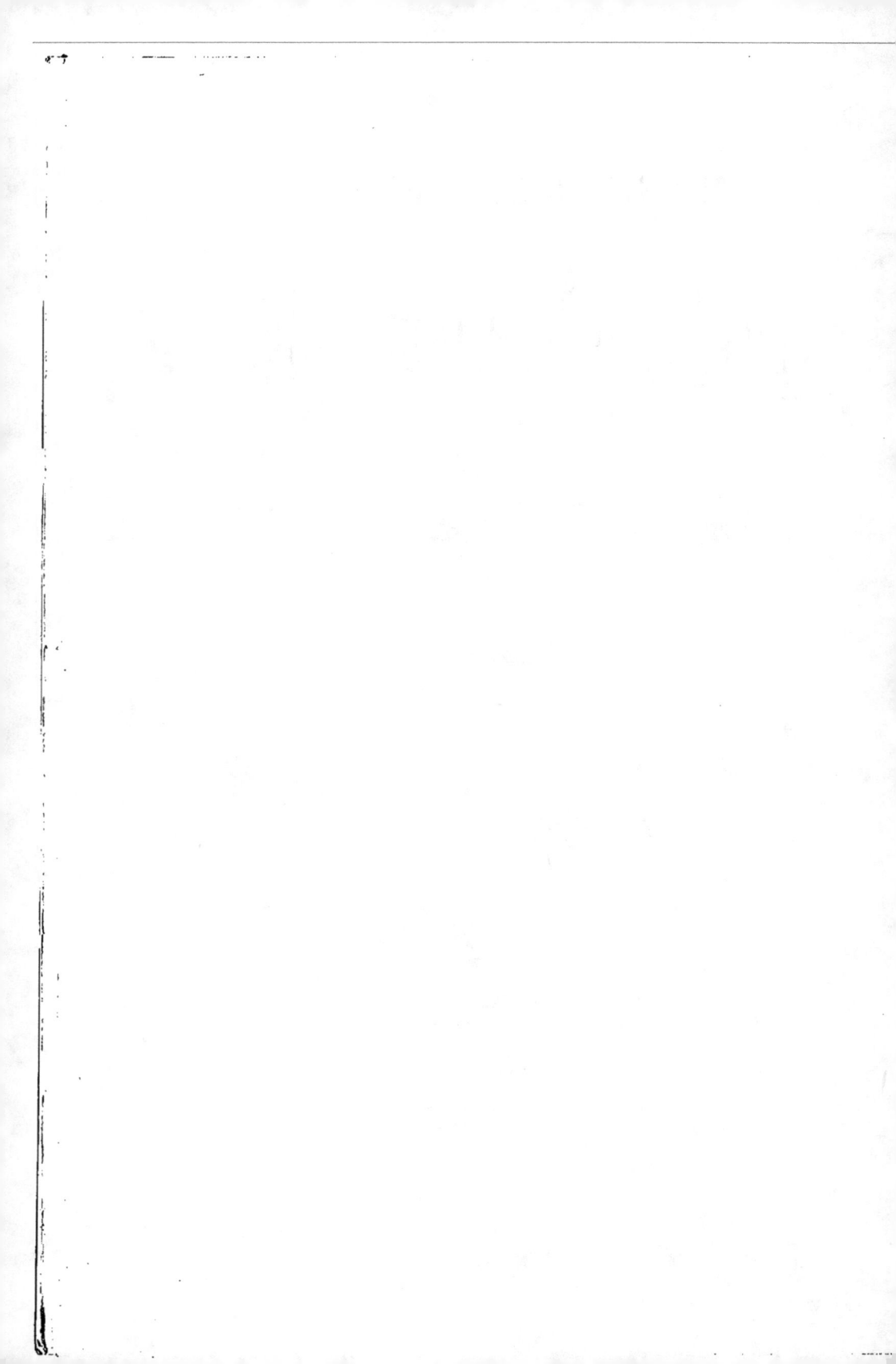

TABLE DES PLANCHES

DU TOME SECOND

(1) La planche porte par erreur *femelle* au lieu de *jeune*.

Colombe Ramier.

1 Mâle, 2 Femelle

Colombe colombin.

Colombe de Roche

Colombe Tourterelle.
1. Mâle. 2. Femelle.

Myrmecophila paradoxal.
1. Mâle. 2. femelle.

Tetras Auerhan

Mâle.

Tétras Auerhan
Femelle

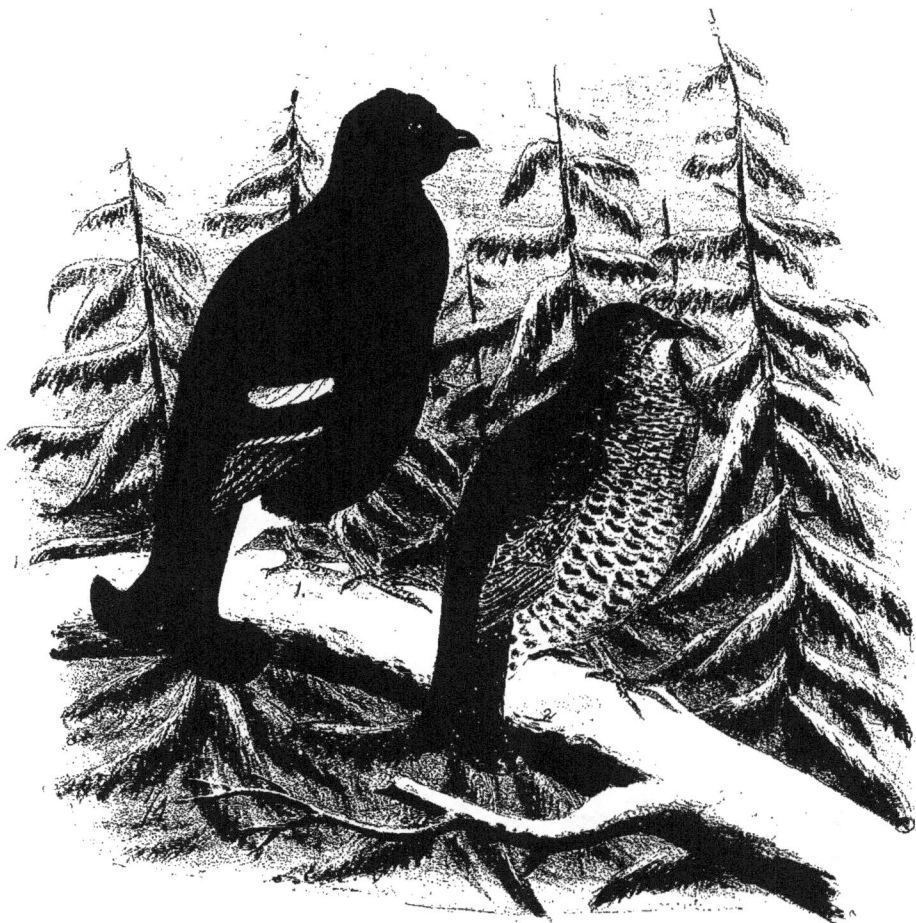

Tétras à queue fourchue

1. Mâle — 2. Femelle

Gélinotte des Coudriers

1. Mâle 2. Femelle

Faisan Vulgaire.

1. Mâle. 2. Femelle.

Perdrix Rouge.

1/3.

Perdrix Grise

1 Male 2 Female

Caille Ordinaire.

1 Mâle 2 Femelle.

179

Outarde barbue

1.. Mâle au printemps. 2. femelle

Outarde Barbue.

Mâle.

Outarde Canepetière

Mâle

Outarde canepetière
Femelle.

Outarde de Macqueen

Oedicnème Criard

182ᴮ

1/3

Courvite gaulois

Pluvier Doré.

1 Plumage d'Été. 2 d'Hiver.

Vanneau à ventre noir

1 Plumage d'Été. 2 d'hiver.

Pluvier Guignard
1 Plumage d'Été. 2. d'hiver

Plurier à Collier.
1 Plumage d'Été 2 Hiver.

Petit pluvier à collier.
1. Adulte, 2. jeune.

Plevier de Kent
1. Mâle. 2. jeune

Vanneau Huppé.
1. Mâle 2. Jeune.

Huitrier Ostralége
1. Plumage d'Été. 2. Jeune.

190

Tourne-pierre à Collier.
1. Mâle. 2 Jeune.

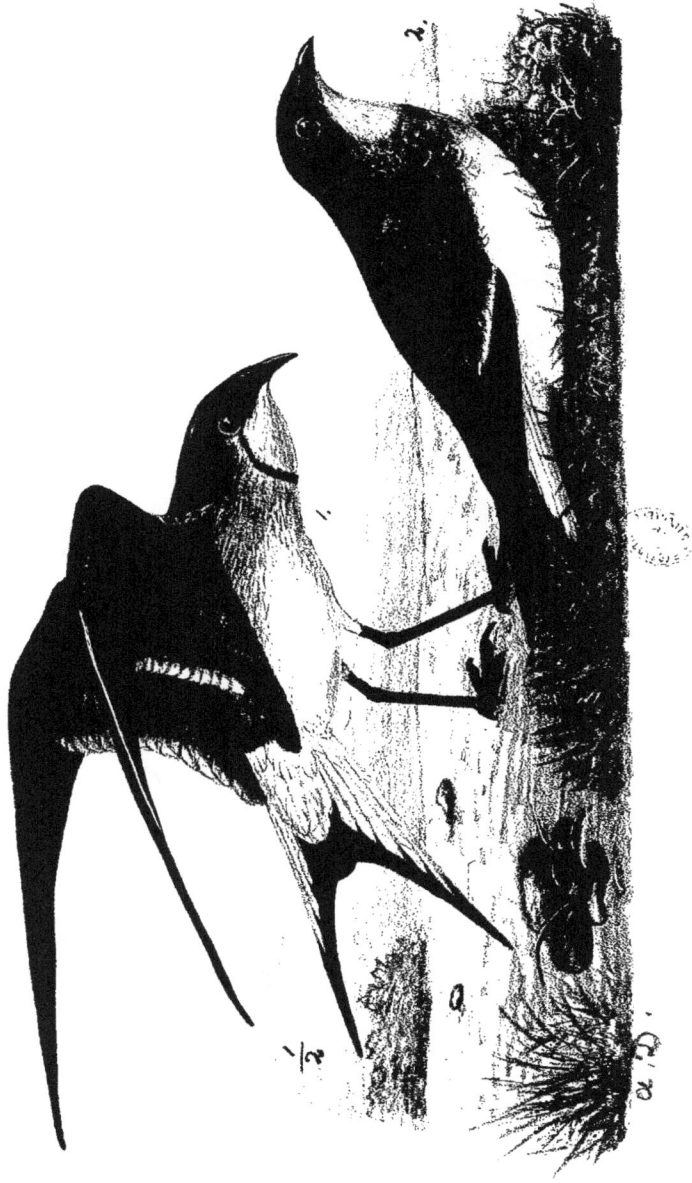

Glaréole à collier.
1. Adulte, 2. Jeune.

Sanderling des sables.
1. En été, 2. en hiver, 3. jeun.

194

Bécasseau Canut

1 Plumage d'Été. 2 d'hiver.

Bécasseau maritime
1. En été, 2 en hiver

Bécasseau cocorli.

1 En été, 2 en hiver, 3 jeune.

Bécasseau Variable.
1 Plumage d'Été. 2 d'Hiver 3 Jeune.

Bécasseau minule
1 En été, 2 en hiver.

Bécasseau de Temminck

1 Plumage d'Été. 2 d'Hiver.

Bécasseau platyrhynque.

201

Combattant Querelleur

Mâles en plumage d'Été

Combattant Querelleur.

1 Mâle en hiver. 2 Femelle en Été.

Chevalier aux pieds verts

Adulte   2 jeune

Chevalier stagnatile
1. En été. 2 en hiver.

Chevalier Sombre

1 Plumage d'Été 2 d'Hiver

Chevalier Gambette
1 Plumage d'été - 2 d'hiver.

5/12.

Chevalier Sylvain.

1. Plumage d'été. 2 d'hiver.

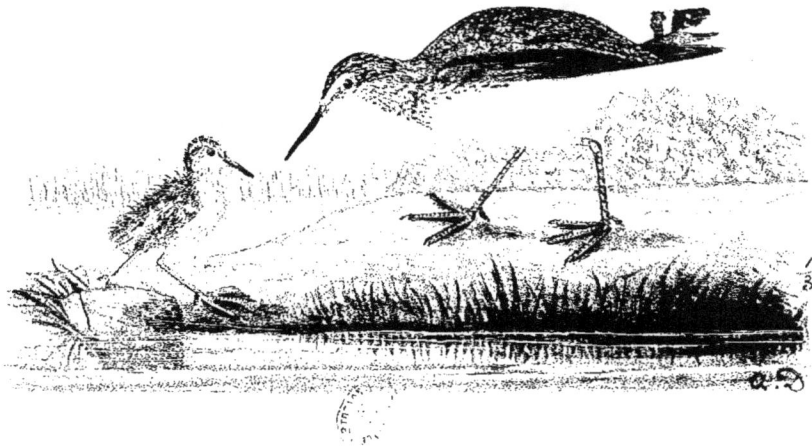

Chevalier cul blanc
Adulte et poussin

Guignette vulgaire
1. Adulte. 2. jeune.

Guignette grivelée
1. Adulte , 2. jeune

$\frac{1}{3}$

a.d.

Bécassine double

Becassine Moyenne.

Bécassine Ordinaire

Bécasse Ordinaire.

Barge à queue noire
1. Plumage d'été. 2. d'hiver.

Barge rousse
1. En été, 2 en hiver.

Courlis Corlieu

Courlis à bec grêle.

Courlis Pluvial.

1. Thalarope platyrhynque, 2.Th. hyperboré
En été

1. Phalarope platyrhynque, 2. Ph. hyperboré
En hiver.

Récurvirostre . Avocette .

Echasse blanche
1 en été, 2 en hiver, 3 jeune

1/3

Rale d'eau

Crex des Prés.
1 Plumage d'Été_2 d'Hiver

Marouette tachetée.

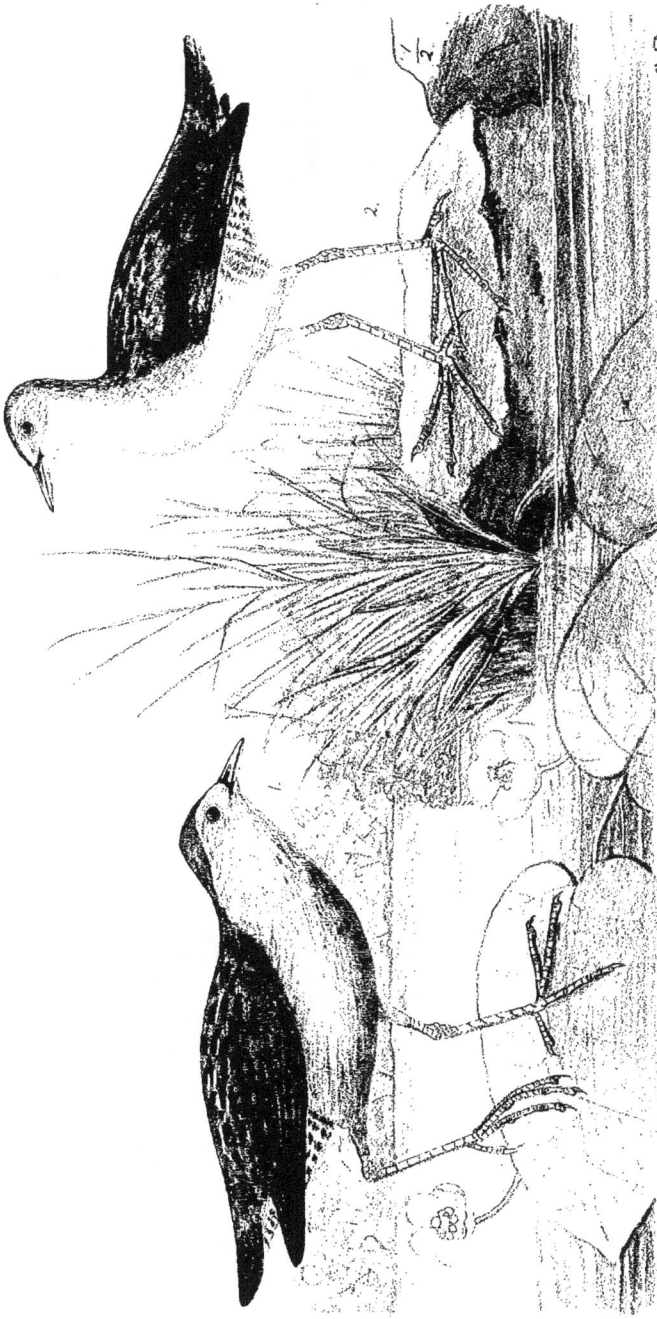

Marouette poussin.
1. Mâle 2. femelle.

Marouette Baillon.
1. Mâle en été. 2. jeune

Poule d'eau Ordinaire

1. Adulte. 2. jeune

Foulque Noirâtre.

Grue Cendrée.

Héron cendré.
1. Adulte. 2. Jeune.

Héron pourpré,
1 Adulte _ 2 Jeune.

Héron Aigrette

1. Adulte. 2. Jeune.

Héron garzette

Crabier chevelu
1. Adulte, 2. jeune

Blongios nain
1. Mâle 2. femelle 3. jeune

Butor Vulgaire

Butor Bihoreau

1 Adulte — 2 Jeune

Cigogne blanche.

Cigogne brune,
1 Adulte __ 2 Jeune.

Spatule blanche

Ibis falcinelle.

1. Adulte _ 2. Jeune.

On a pris blanches

Oie à collier.

1 Adulte. 2 Jeune.

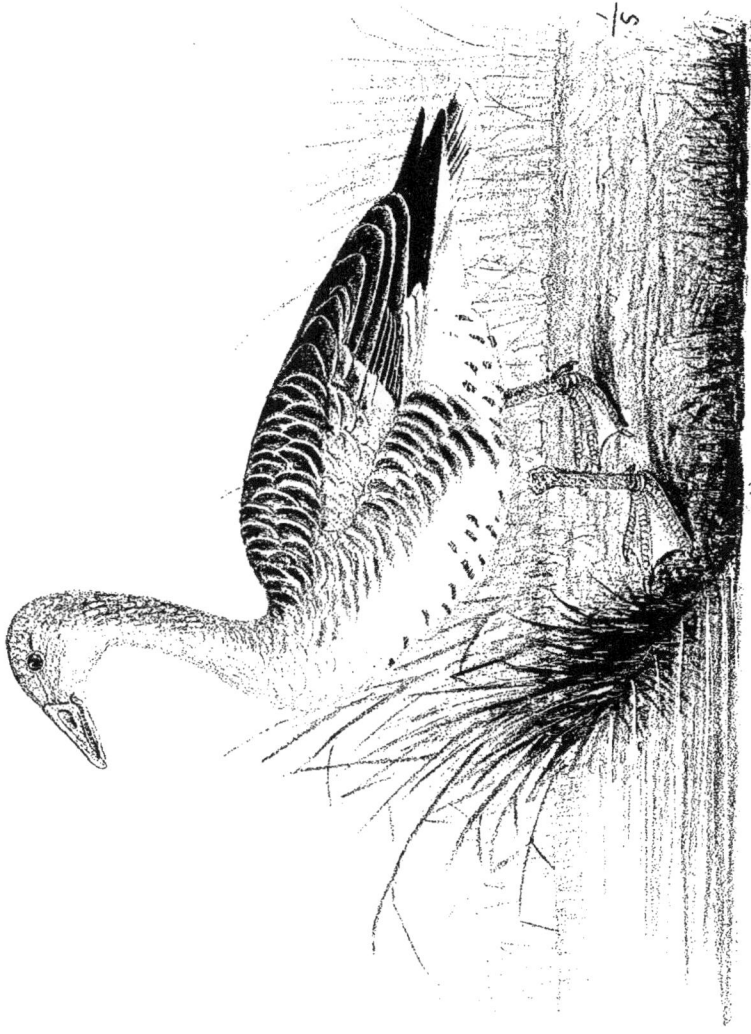

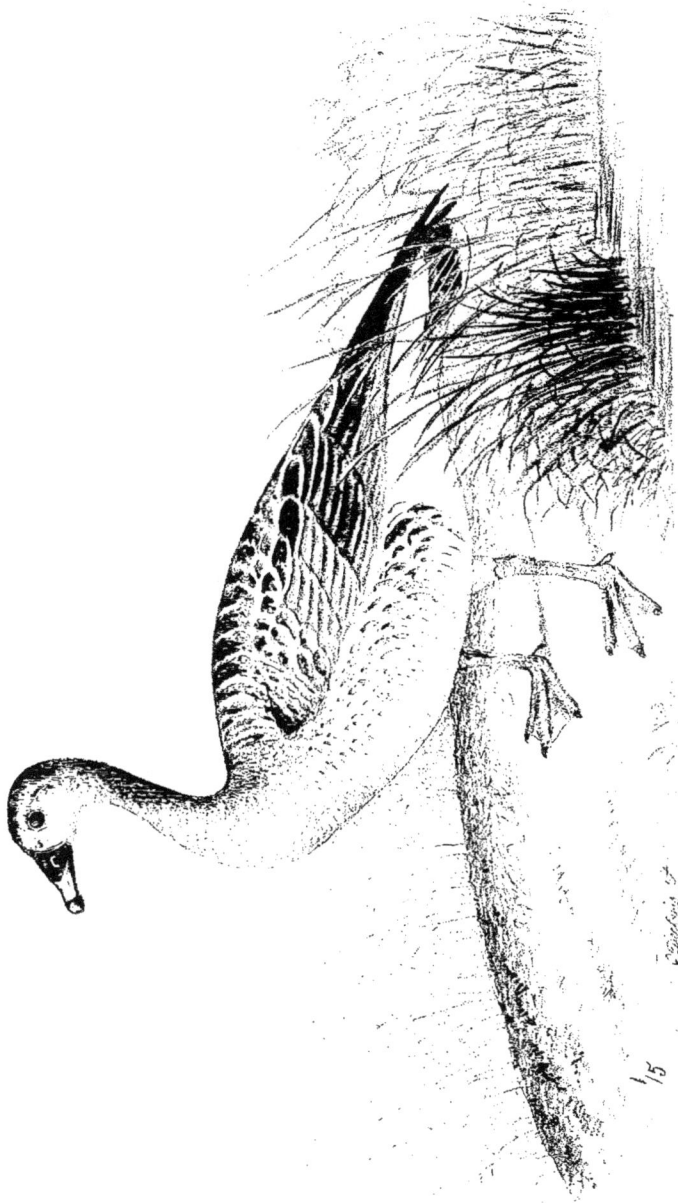

Oie des marquises.

1/5

Oie à bec court.

On a jeté blanc
...abattu à terre

Oie de Commines
à l'échelle ½ laine.

Cygne sauvage
R. Adulte 2.jeune

Cygne d'Islande.

251

Cadrine ordinaire
1. Mâle. 2 femelle et poussins

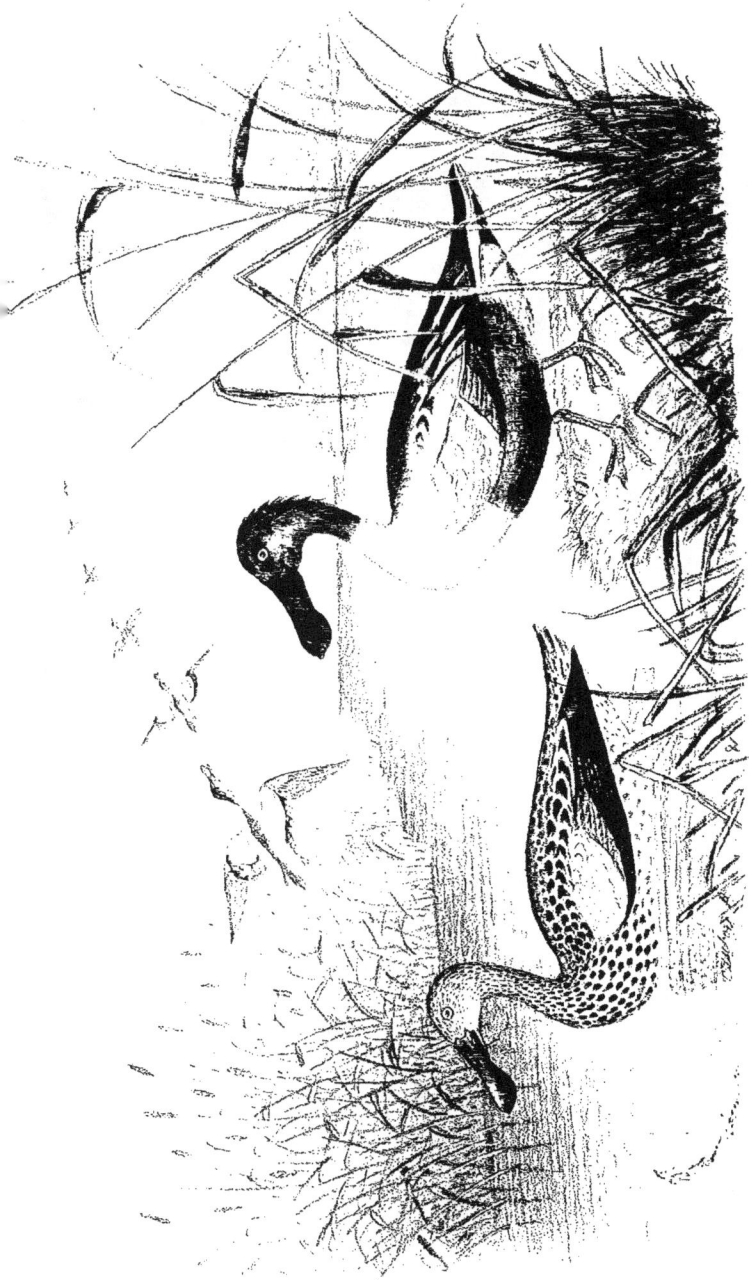

Souchet spatule
1. Mâle. 2. Femelle

253

Canard sauvage
1. Mâle. 2. femelle et perisons

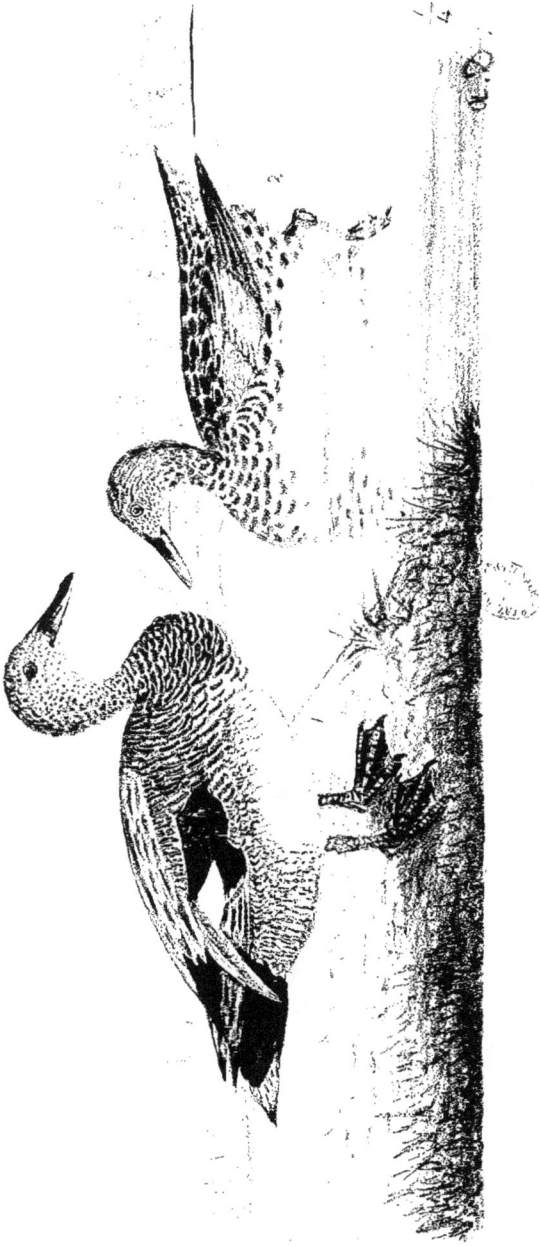

Canard Siffleur
1. Mâle. 2 femelle

Canard siffleur.
a. Mâle. 2. femelle et poussins.

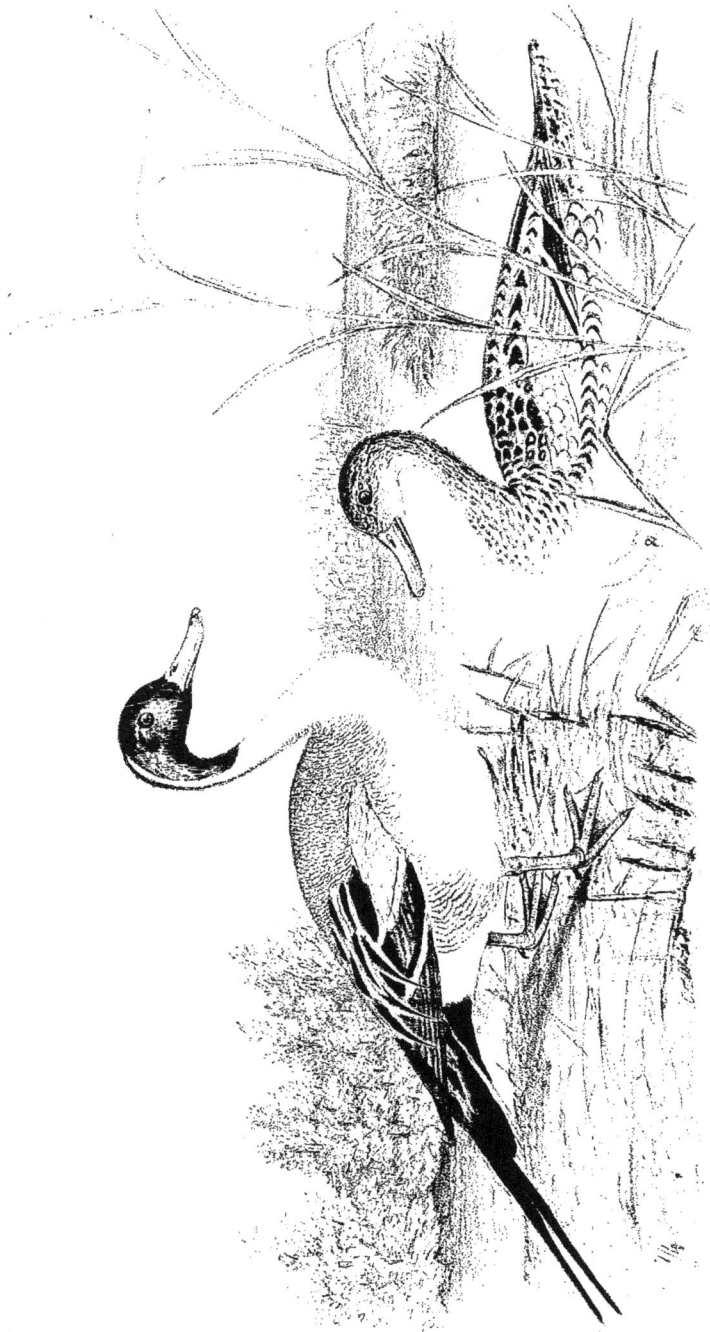

Canard à queue effilée
1. Mâle. 2. femelle

235.

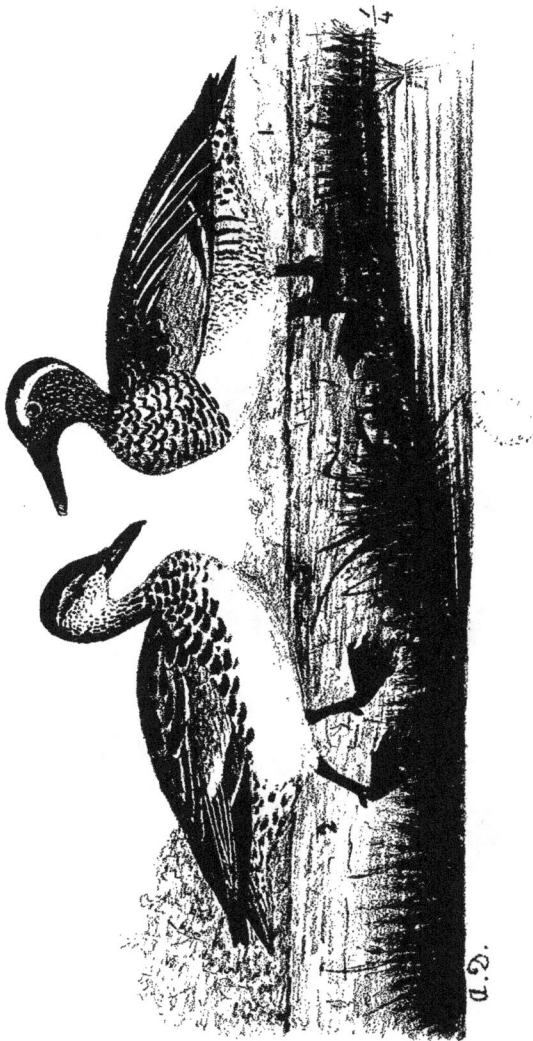

Sarcelle d'été
1. Mâle. 2. femelle.

a.2.

Sarcelle d'hiver

1. Mâle; 2. femelle.

258.

Sarcelle de Formose
1. Mâle 2. femelle

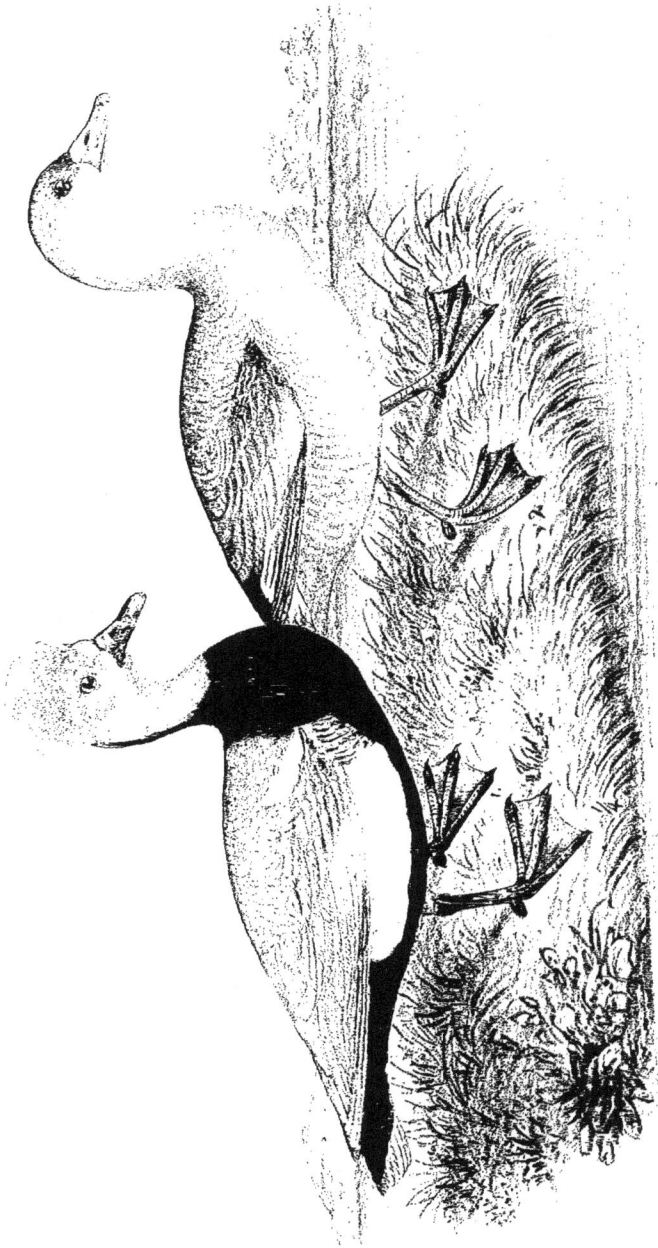

Hirondelle à huppe rousse

et Hirondelle de Lunète

Venetian Snipe.

Mergilus melanura

Mâle et femelle

Morillon-milouin

1. Mâle. 2. femelle et poussins.

Morillon à gros bec blanc
à état d'Emelle

Anatтом anser.
1. Mâle 2. Femelle

Morillon de Barrow
à l'état d'adulte

Accentor lectrices
a Hist. St. Famille

Miquelon glacial.
1. Mâle, 2 femelle, 3 jeune mâle

Pl. 2.

Eider vulgaire
1. Mâle 2.femelle

269

Eider à tête grise
1. Mâle. 2. femelle.

Mouillon biguette.

1. Mâle. 2. Femelle.

Morillon a lunettes.
1. Mâle 2. Femelle.

Harle huee
1. Mâle. 2.femelle.

275.

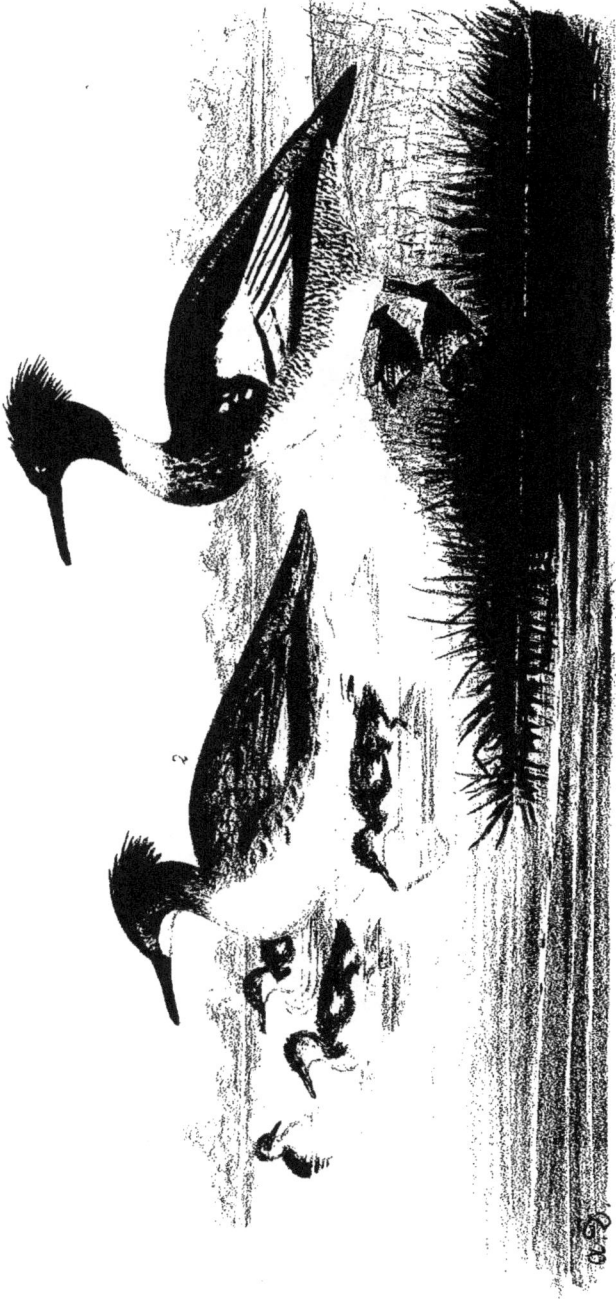

Harle huppé.
1 Mâle, 2 femelle et poussins.

Sea Hawk
Adult & young

Cormoran ordinaire
1ᵉ Adulte. 2ᵉ Jeune.

Cormoran huppé.

Sterne arctique
Plumage d'été.

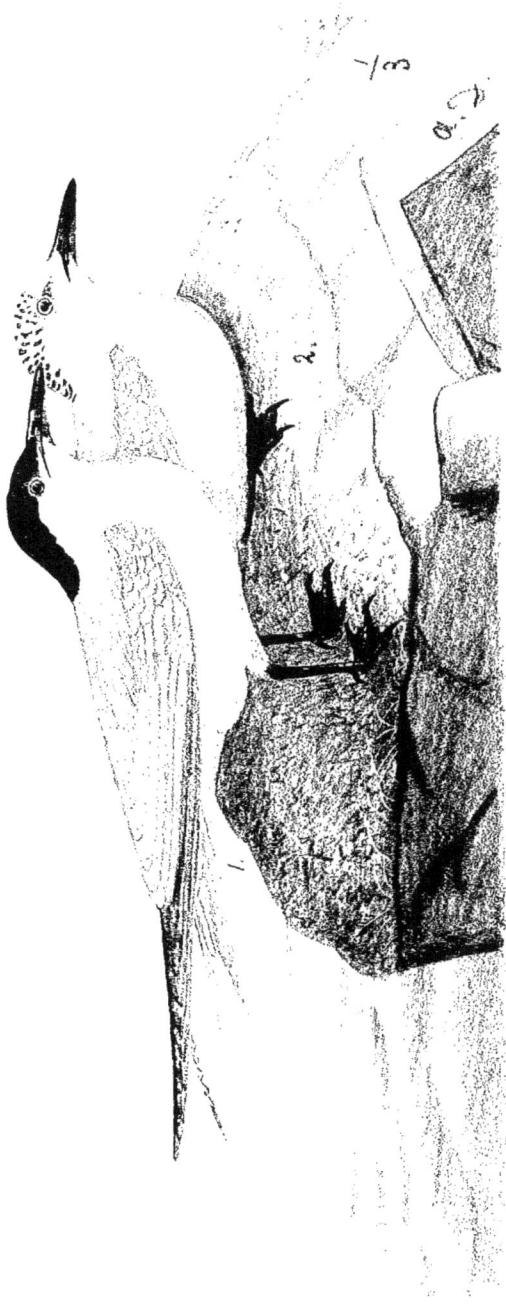

Sterne hansel

1. Plumage d'été ; 2. d'hiver.

280

Sterne caugek.

1. Plumage d'été. 2. d'hiver. 3. jeune.

$\frac{1}{3}$

a. D.

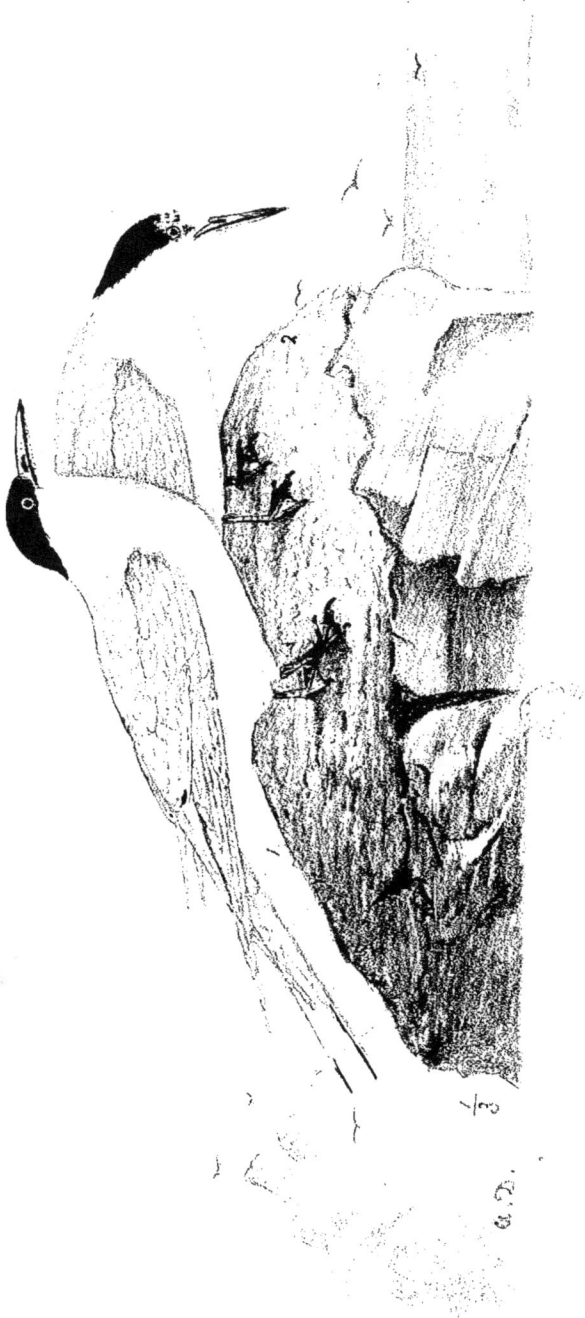

Sterne arctique.
1. Plumage d'été. 2. d'hiver.

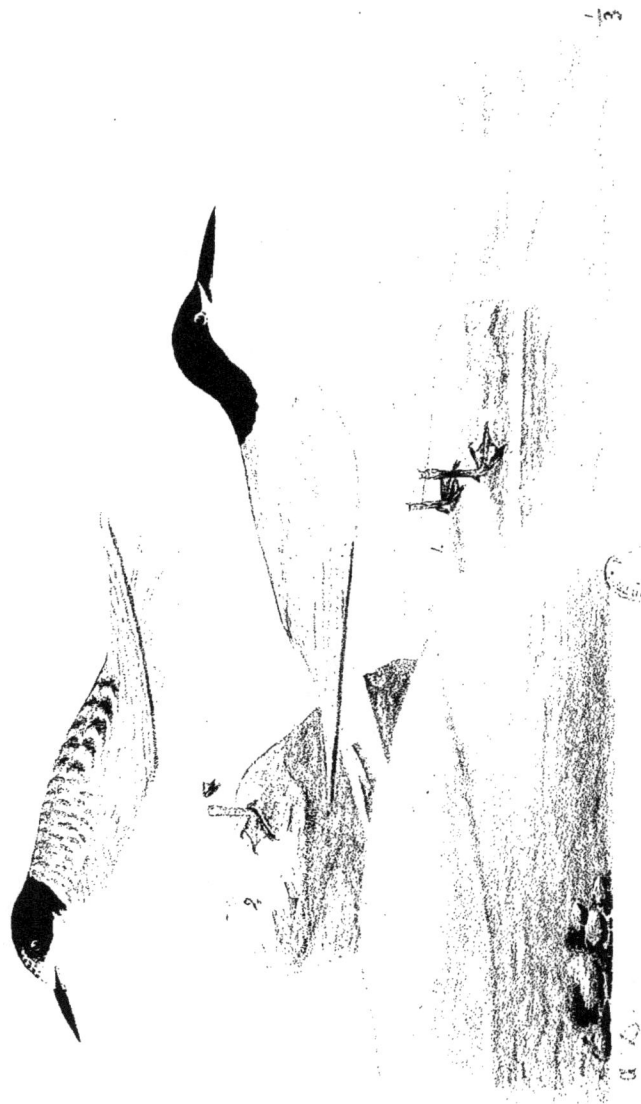

Sterne de Dougall

1. En été. 2 jeunes

Merus vulgaris
Lon de son biere Spain et femme

Sterne naine
1. Adulte. 2. jeune.

286

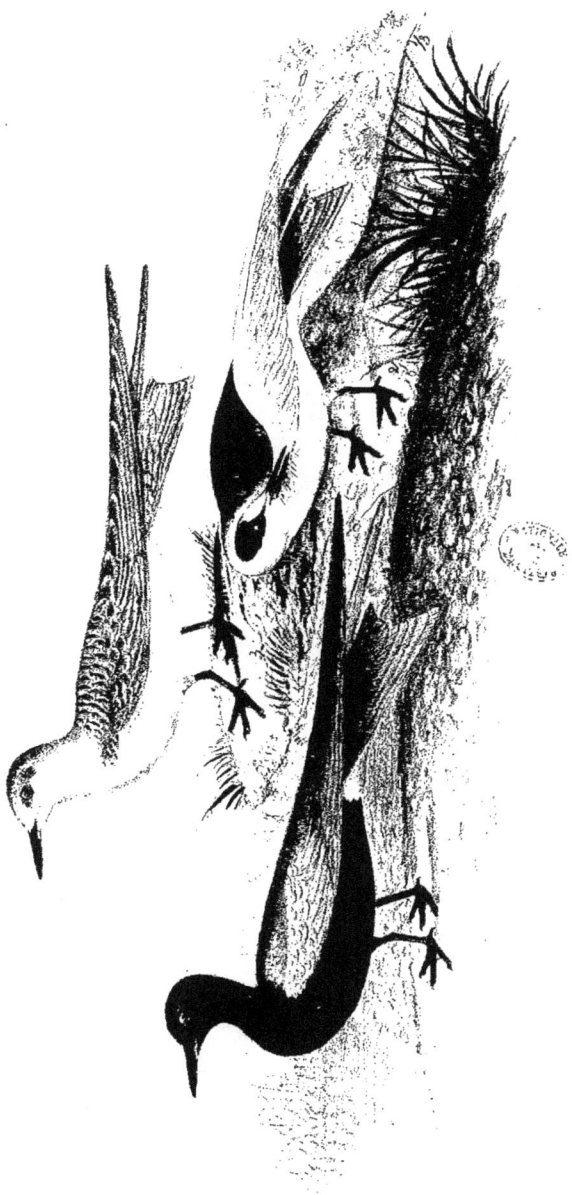

Hydrochelidon nevialie.

1. Plumage d'Eté. 2 et Hiver. 3. Jeune.

Hydrochelidon leucoptère
(1 en été; 2, en hiver; 3, vu mue; 4, jeune.)

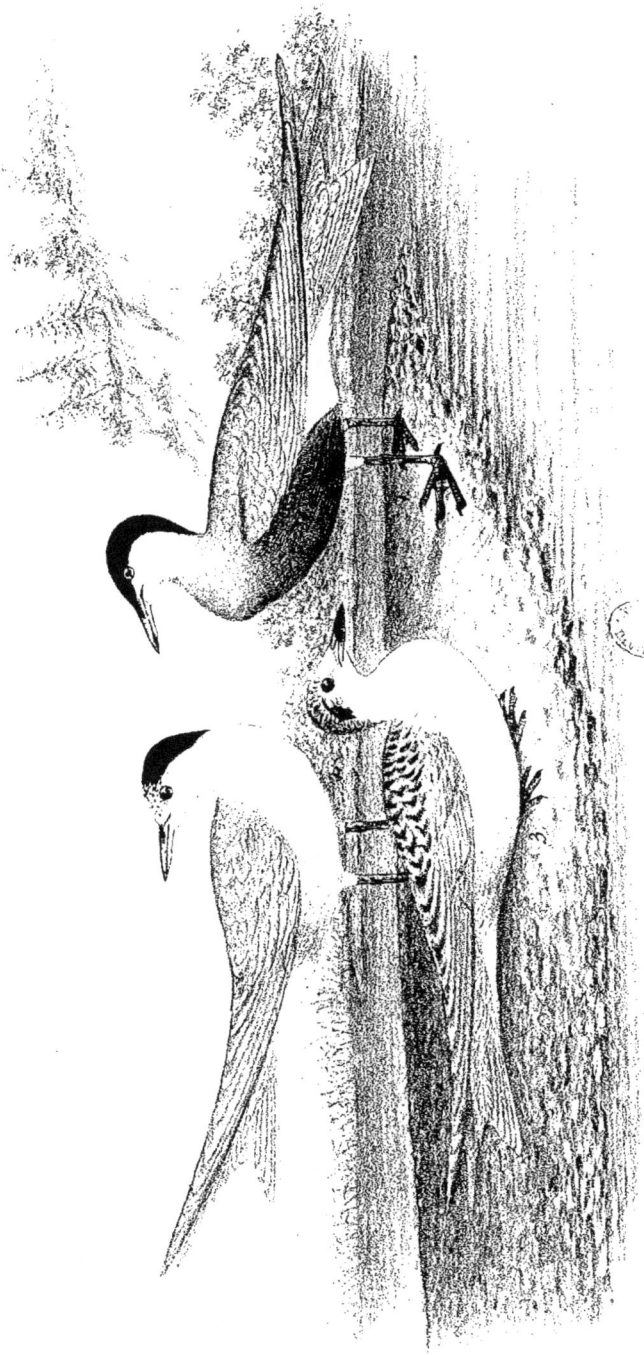

Hydrochelidon caudex

1. Plumage d'Été. 2. 3. Plumage d'hiver.

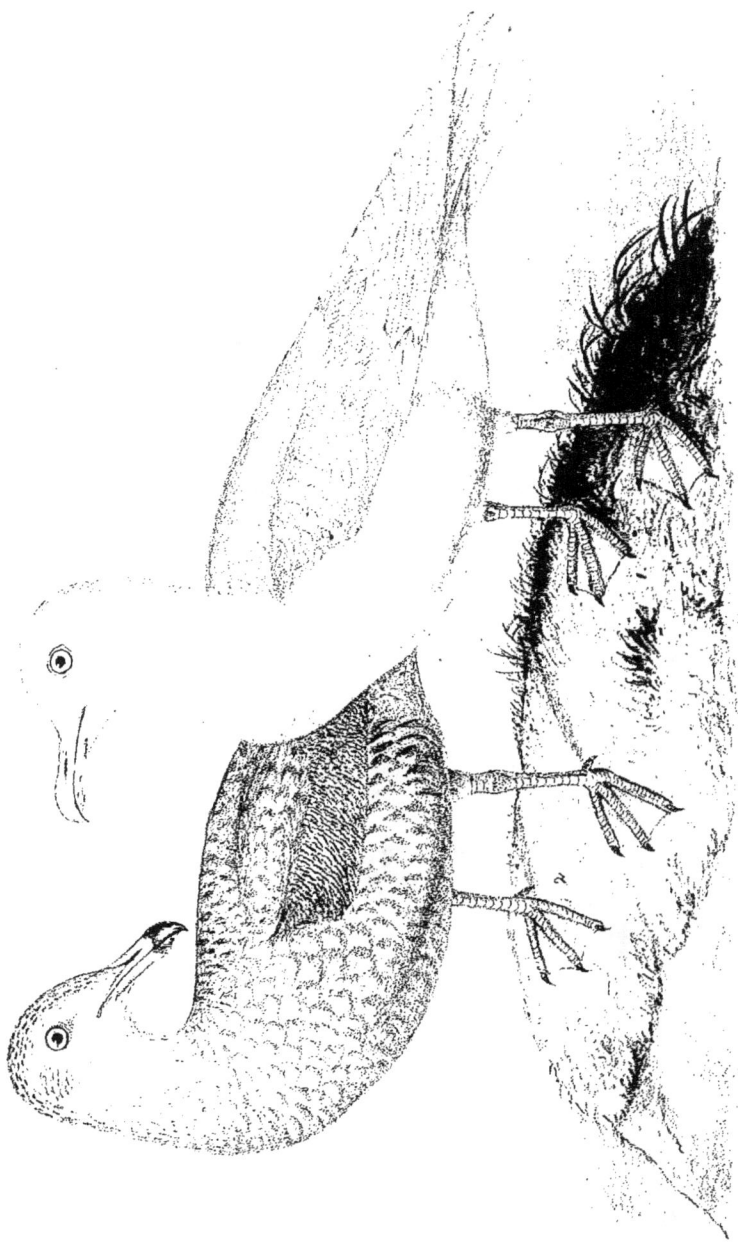

Mouette glauque
adulte et jeune

Picolla americana

Ivory-billed Woodpecker

Hirondelle à manteau noir

. Plumage d'été . 2.d hiver . 3 jeune

Mouette a pieds jaunes
1, En été, 2, en hiver, 3, jeune.

Mouette argentée.

1. Plumage d'hiver. 2. Plumage d'été.

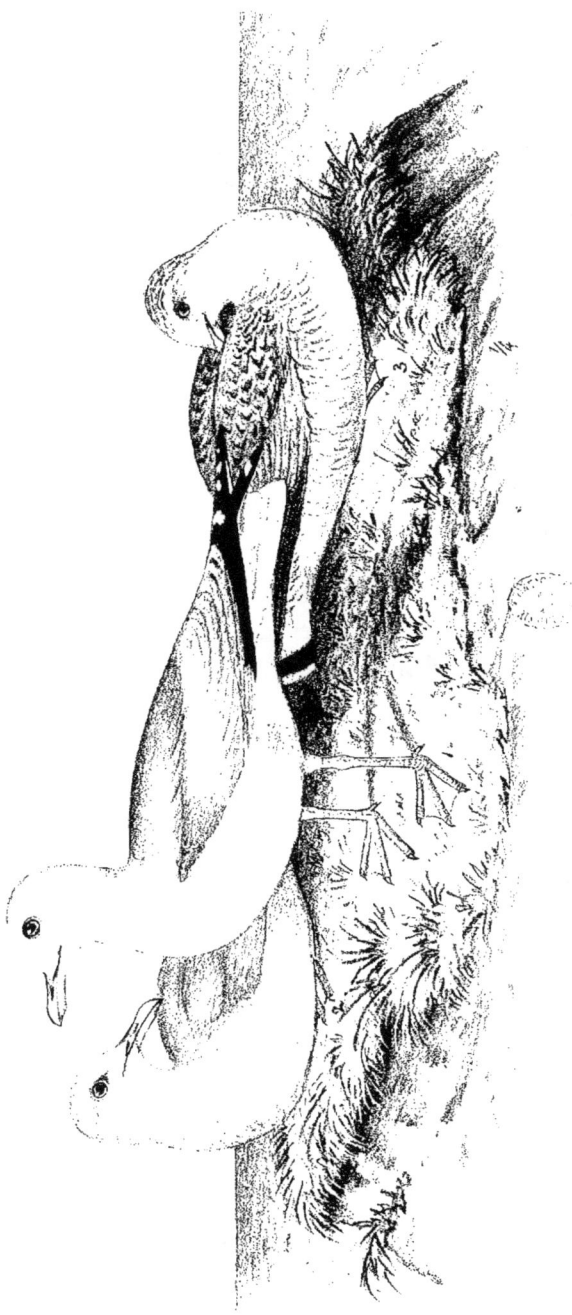

Hirondelle exotica.

1.Plumage d'Ete. 2.d. d'Hiver. 3.Jeune.

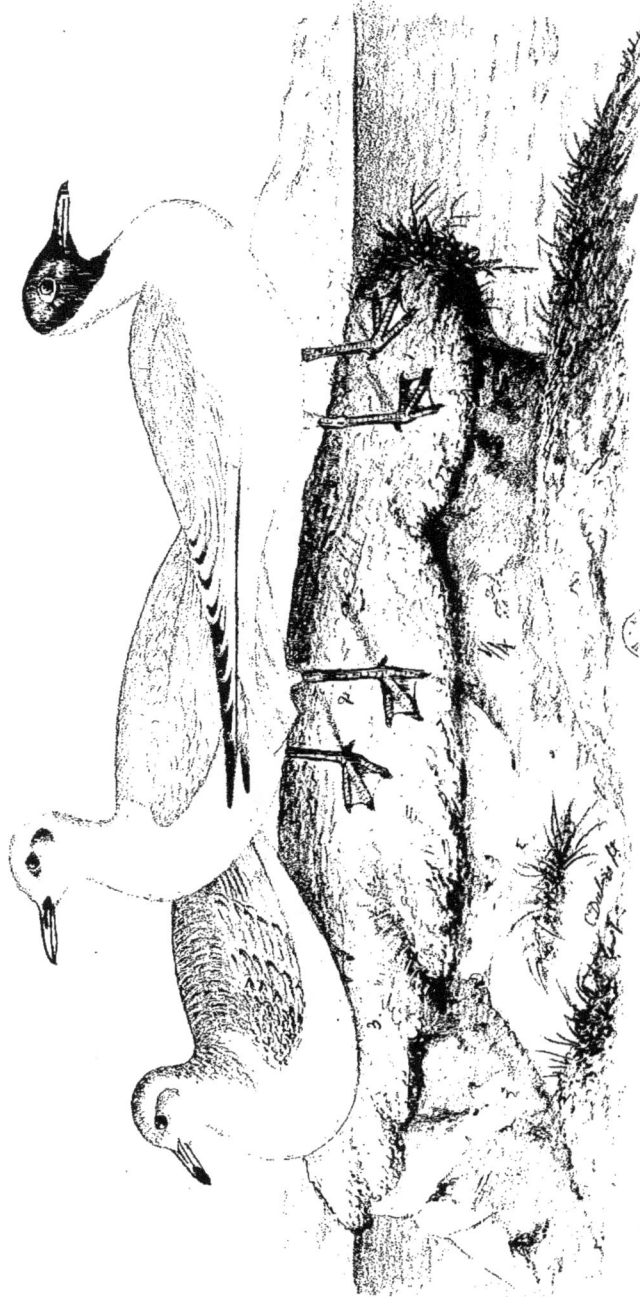

Mouette rieuse

1. Plumage d'été. 2 et hiver. 3 jeune.

Mouette ryeuse

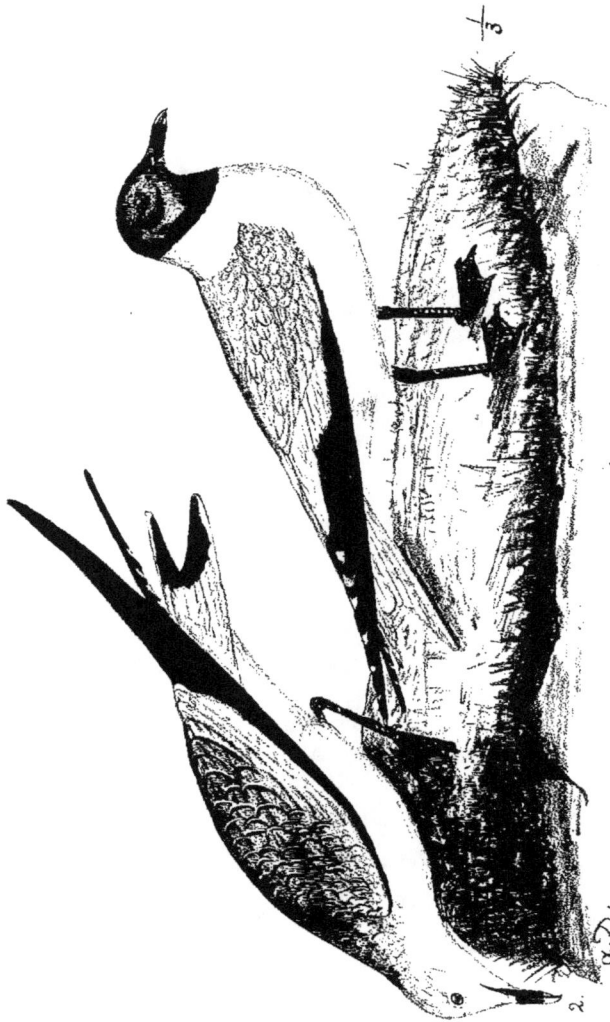

Mouette de Sabine
1. Adulte, 2 jeune

Mouette tridactyle.

1. Plumage d'été. 2. d'hiver. 3. jeune.

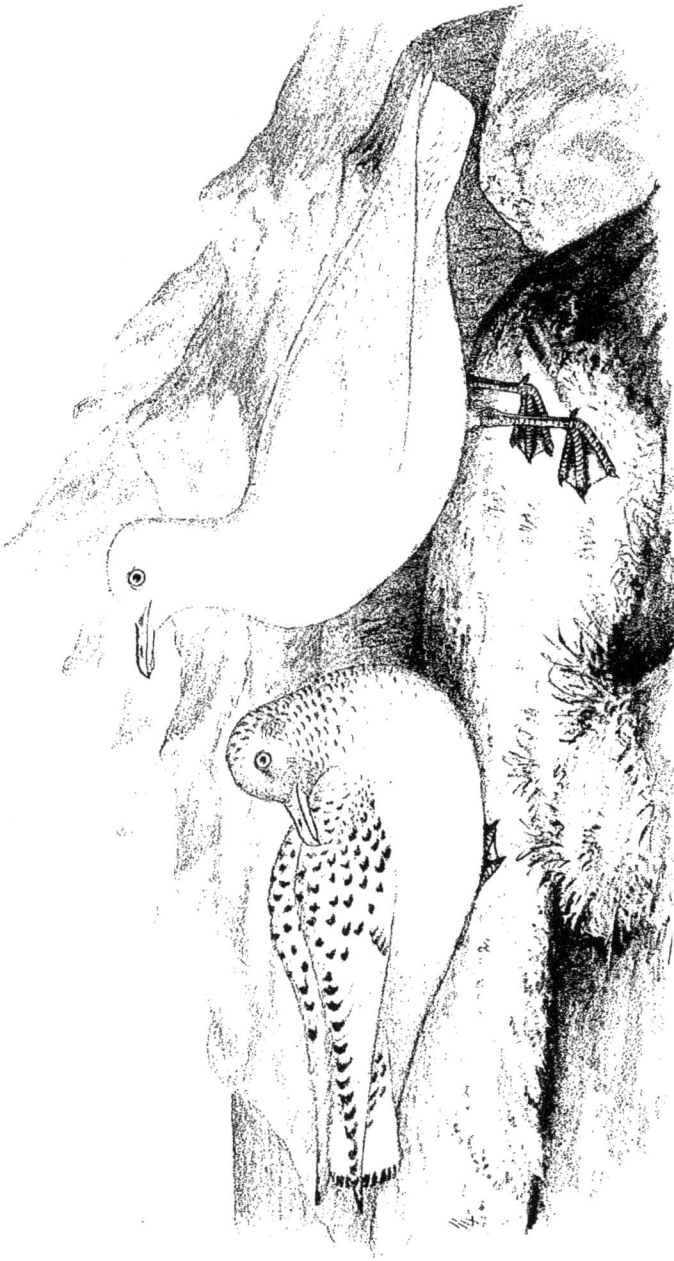

Shearwater Linn.

Stercoraire pomarin
1. Adulte, 2 jeune.

Harenoise françoise

1. Plumage d'Ete. 2. d'Hiver d'hiver.

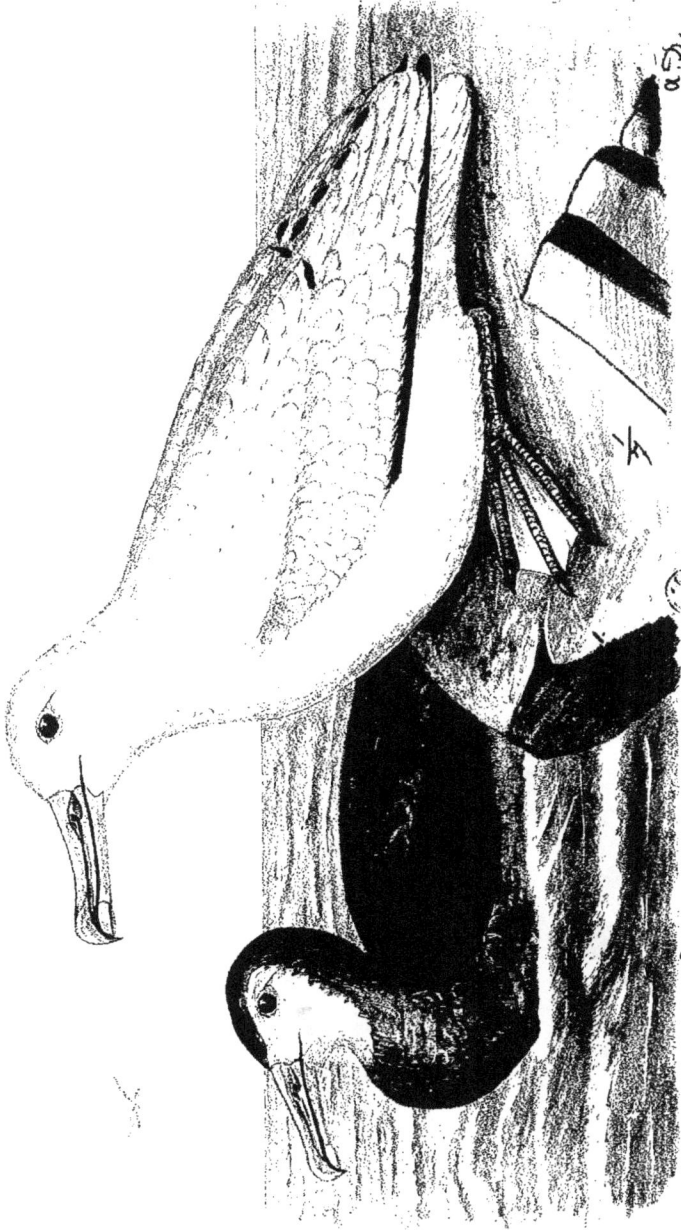

Albatros hurleur
1. *Adulte*, 2. *jeune*.

Pétrel glacial
1 Plumage d'Été. 2 d'Hiver.

Chalassidrome tempête
et son poussin.

Thalassidrome de Leach.

Puffin des Anglais

Guillemot grylle
adulte en hiver

Guillemot Troïll.
1 Plumage d'été, 2 d'hiver.

Guillemot a verrues blanches,
1 Plumage d'été 2 d'hiver

Macreuse noire.
1. Plumage d'été 2. d'hiver.

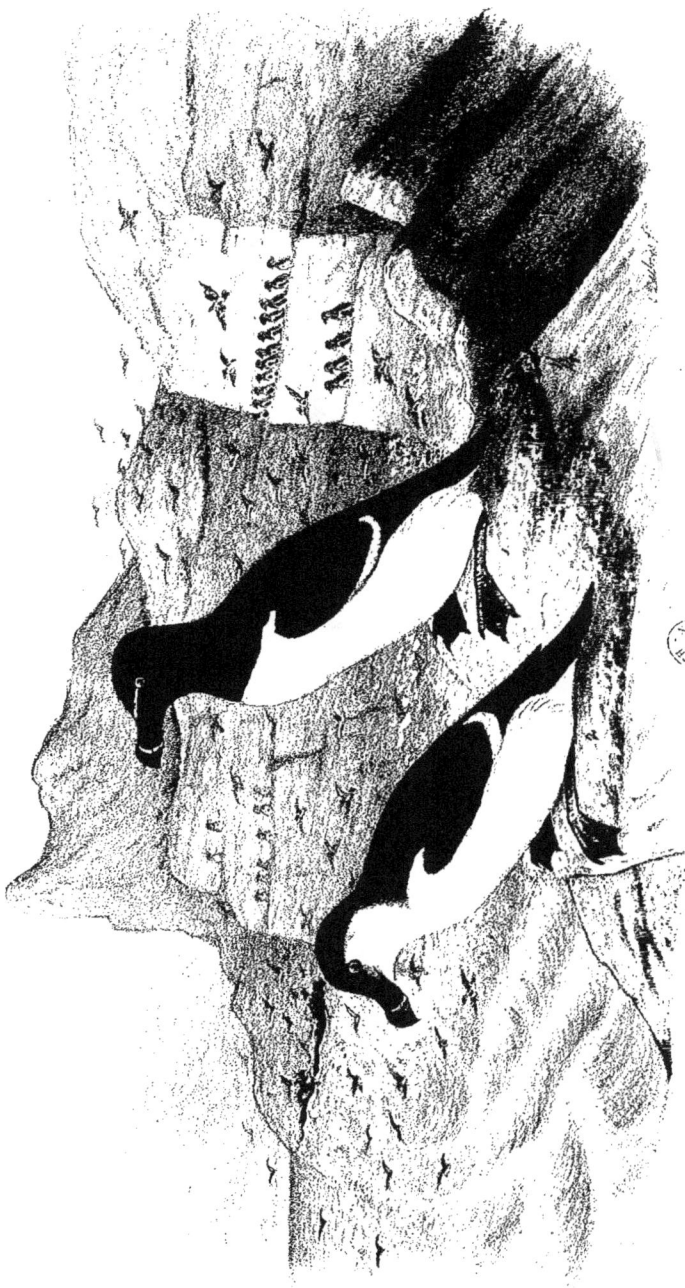

1. Penwings. 2. Little Anks.

Macareux moine.
1. Adulte. 2. jeune.

Plongeon Glacial,
1 Adulte_2 Jeune.

Plongeon à gorge noire.

Plongeon à gorge rousse,
d'habit d'hiver.

Grebe huppé

1. Adult. 2. Jeune.

Grèbe à gorge grise
1. Adulte 2. Jeune

Grèbe Oreillard.
1. Adulte. 2. Jeune.

Grèbe cornu.
(Adulte 2. June.)

320

Grèbe castagneux
1. Adulte, 2. jeune et poussin

Aigle Bonelli
1 Adulte, 2 jeune.

Martinet Alpin
1.Adulte, 2.jeune

1. 2. Mésange de Pleske. 3. 4. Bruant à sourcils jaunes
1. 3. Mâles. 2. 4. femelles

2/3   C. Dubois fc

Calandre Nègre.

1. Mâle 2. Femelle

Explication provisoire

Des planches du tome II représentant les œufs.

XXXVII : —
193 — Numenius phæopus
202 — Ardea purpurea.
206 — Botaurus stellaris.
218 — Fulica atra.

XXXVIII · —
200 — Platalea leucorodia.
209 — Gallinula chloropus.
211 — Porzana maruetta.
217 — Phalaropus platyrhynchus

XXXIX : ··
197 — Grus cinerea.
212 — Porzana pusilla.
216 — Phalaropus hyperboreus.

XL : —
194 — Numenius arquata.
201 — Ardea cinerea.
222 — Podiceps grisegena.

✗ XLI : —
196 — Ibis falcinellus.
208 — Rallus aquaticus.
210 — Crex pratensis.
213 — Porzana Bailloni.
215 — Recurvirostra avocetta.

XLII : —
191 — Limosa rufa.
192 — Limosa ægocephala.

XLIII :
203 — Herodias egretta.
219 — Podiceps minor.
250 — Sterna caspia.
251 — Sterna anglica.

XLIV : —
198 — Ciconia fusca.
205 — Nycticorax europæus.
214 — Cinclus aquaticus.
221 — Podiceps cornutus.
223 — Podiceps cristatus.

XLV : —
252 — Sterna cantiaca.
255 ·· Sterna hirundo.

XLVI : —
237 — Stercorarius pomarinus.
256 — Sterna minuta.
259 — Hydrochelidon nigra.

XLVII : —
238 — Stecorarius fuscus.
257 — Hydrochelidon fissipes.

XLVIII —
126 — Colymbus glacialis.

XLIX : —
247 et 253 — Larus ridibundus.
247b — Sterna Dougalli.

L : —
225 — Colymbus arcticus.
236 — Stercorarius parasiticus.

LI : —
104 — Bubulcus ralloides.
107 — Ardeola minuta.
192 — Limosa ægocephala.
198 — Ciconia fusca.

LII : —
240 — Larus marinus.
293 — Branta leucopsis.

206.

202.

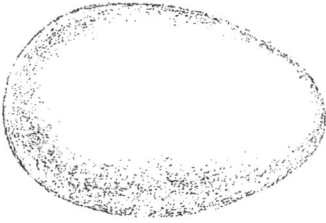

206.

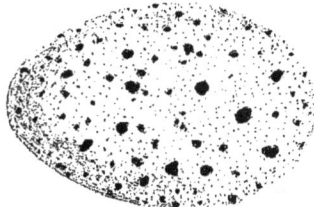

215.

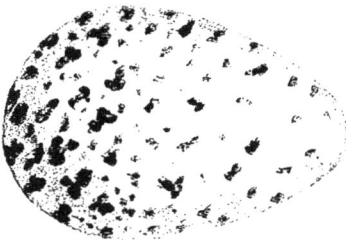

193.

218.

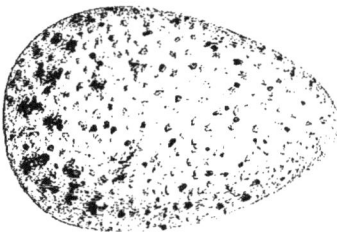

193.

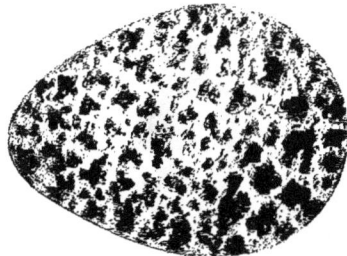

193.

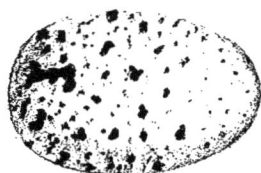

209.

209.

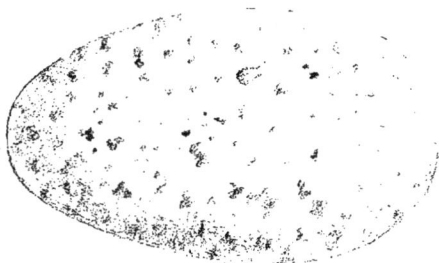

200.

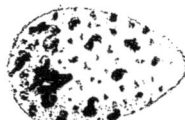

217.

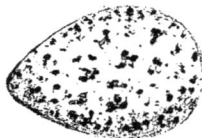

217.

200.

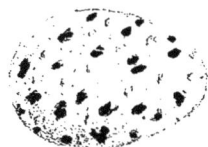

211.

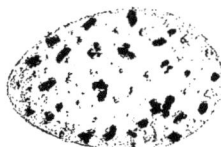

211.

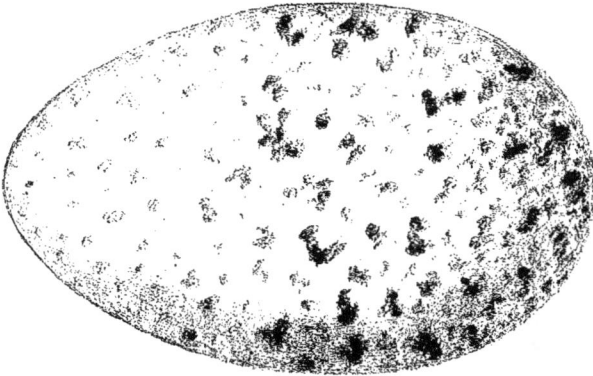

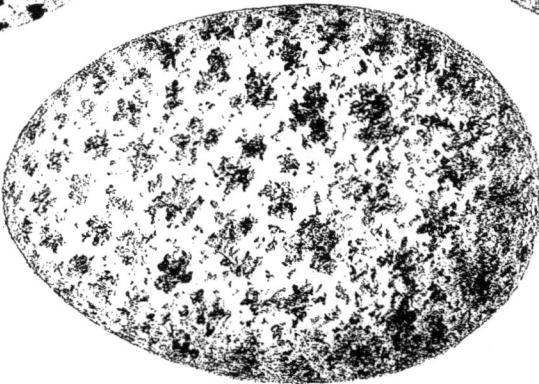

222

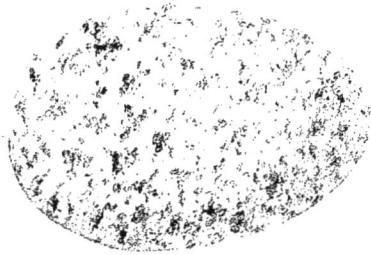

224

223

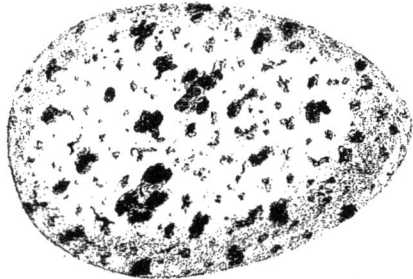

225

224

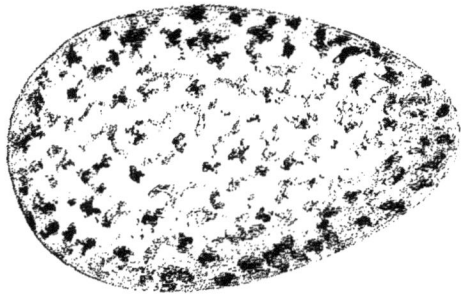

226

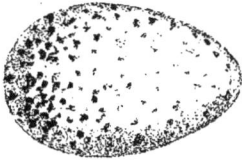

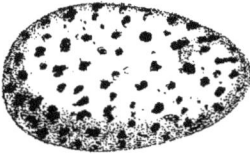

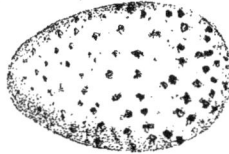

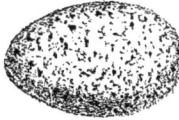

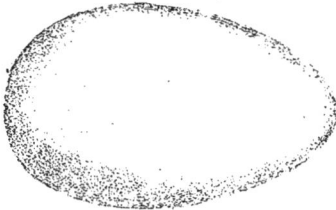

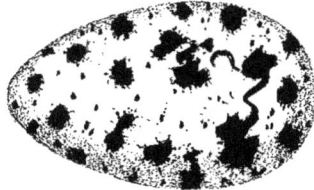

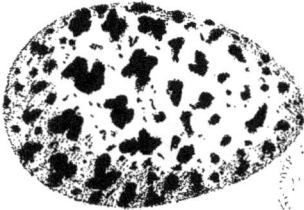

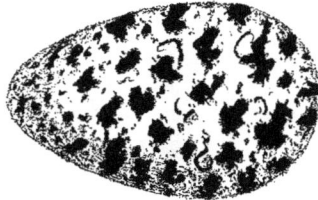

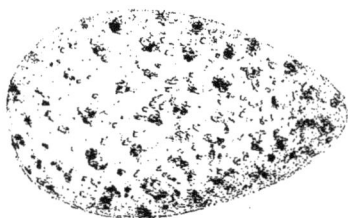
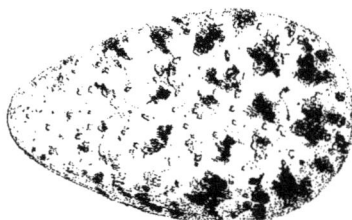

XLII

192.   *192*

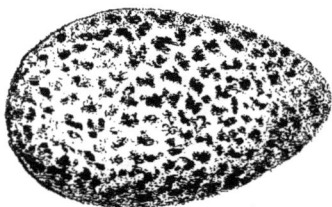
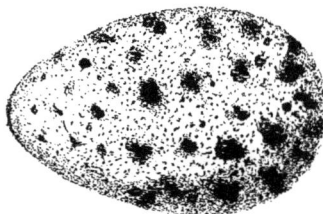

192.   *192*

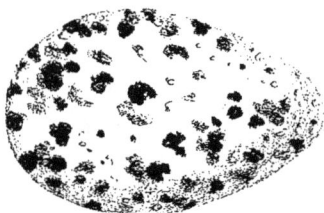
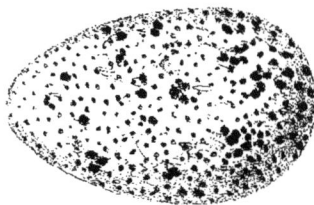

191   *191*

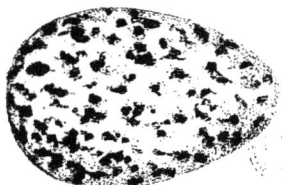
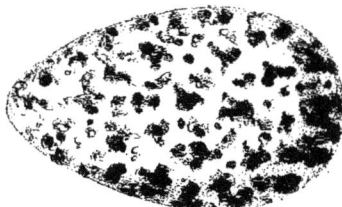

191   *191*

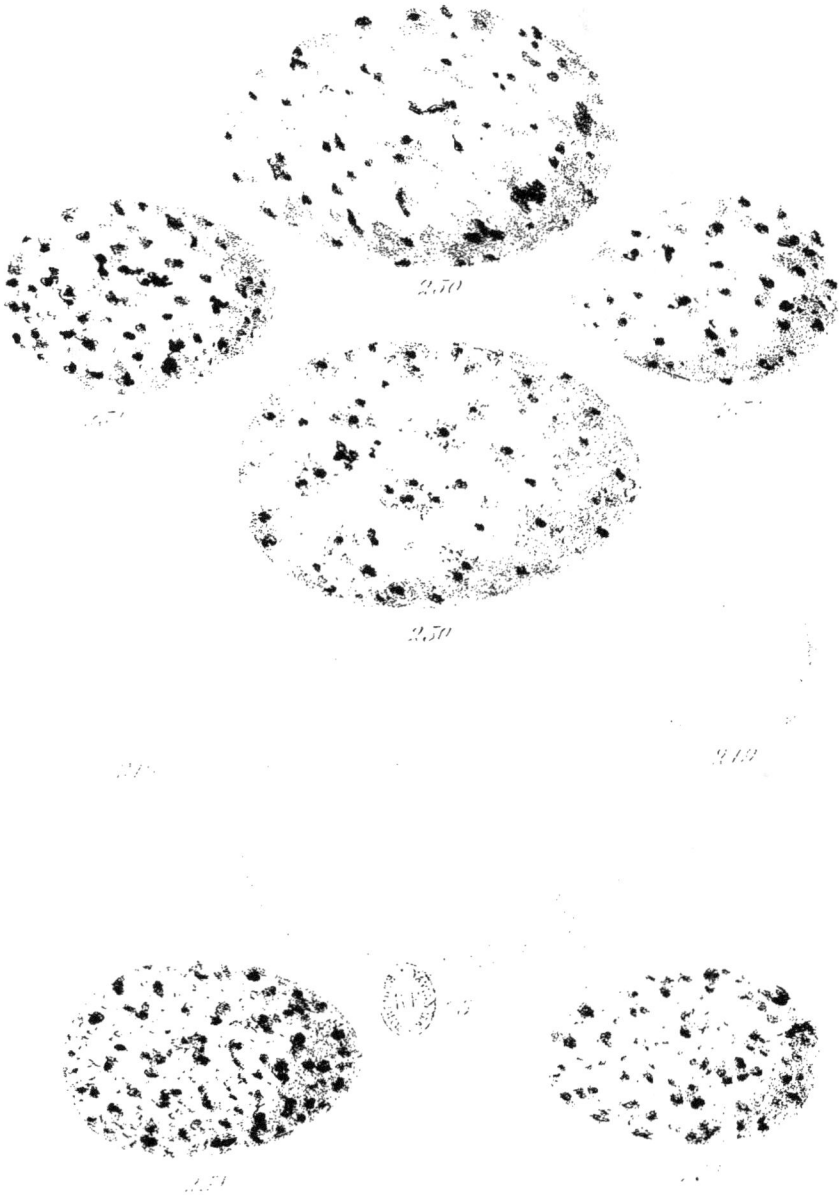

2.50

2.50

198

205

223

225

221

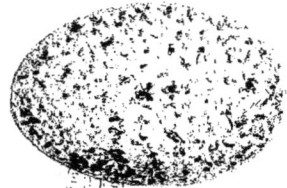

214

227

217

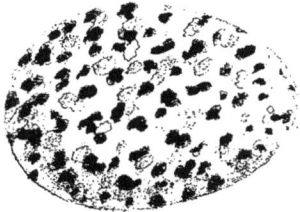

XLV

252.

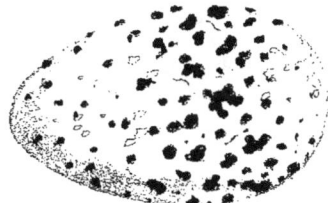

252.

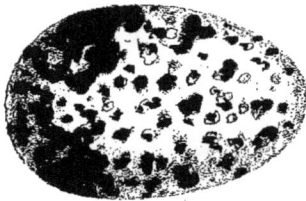

252.

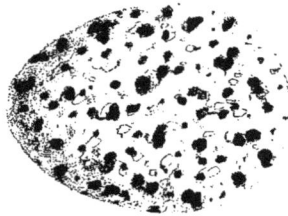

252.

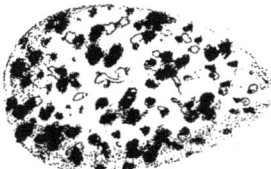

255.

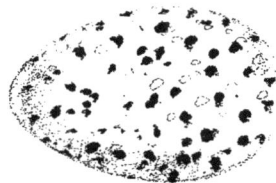

255.

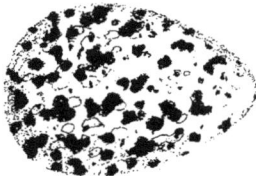

255.

255.

255.

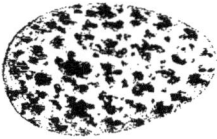

XLVI

259.

256.

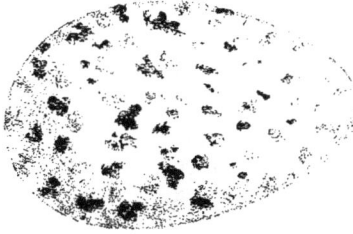

237.

259.

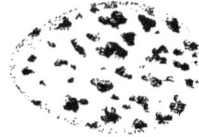

256.

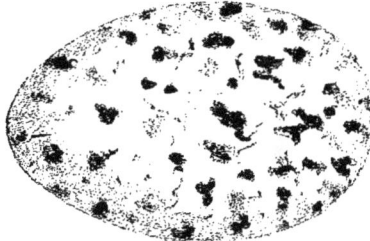

237.

259.

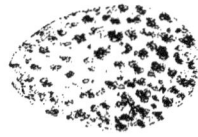

256.

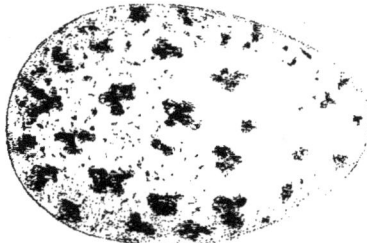

237.

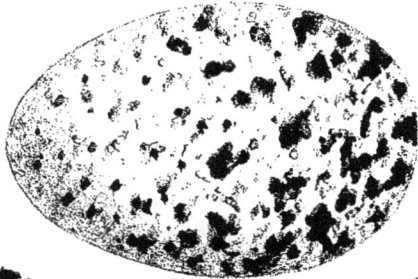

XLVII

238.

237.

237.

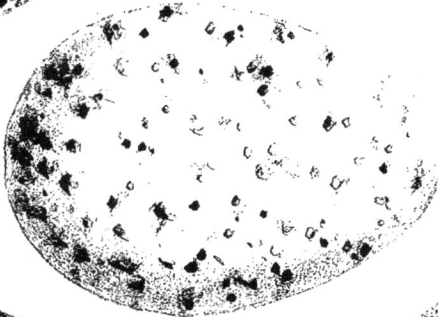

238.

237.

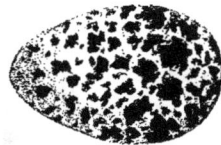

237.

238.

126.

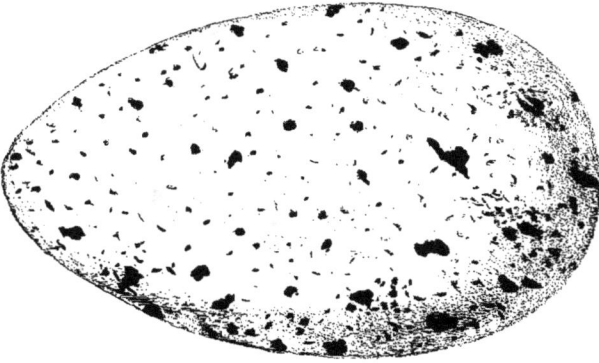

126.

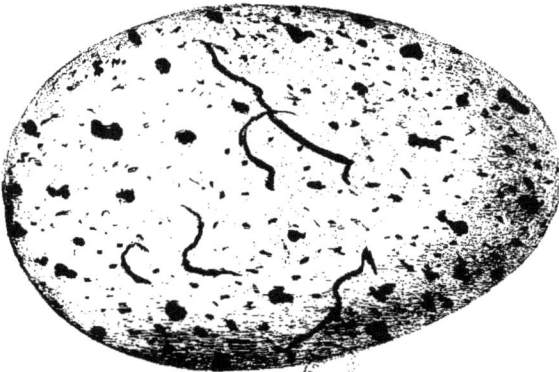

126.

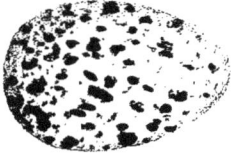

b

247

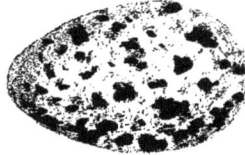

247

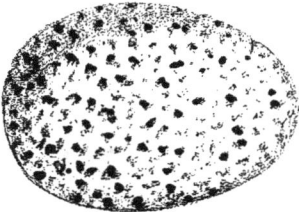

247

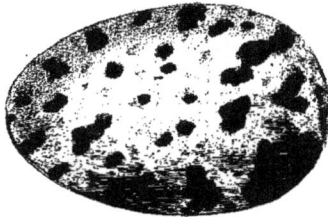

247

247

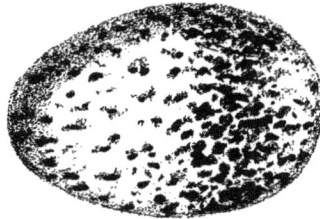

247

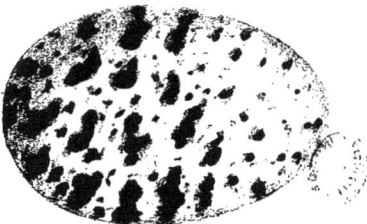

253

253

L.

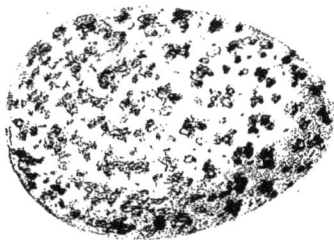
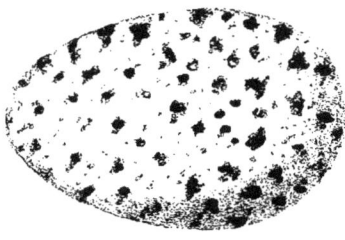

236.

236.

225.

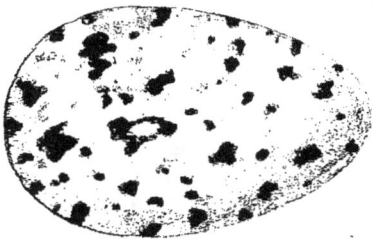
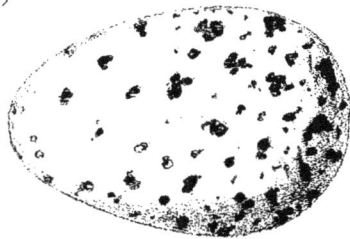

236.

236.

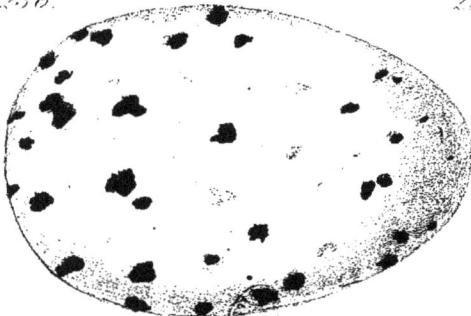

225.

192.

192.

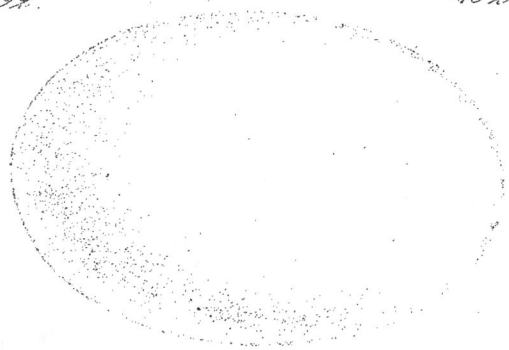

198.

104.

104.

107.

107.

233.

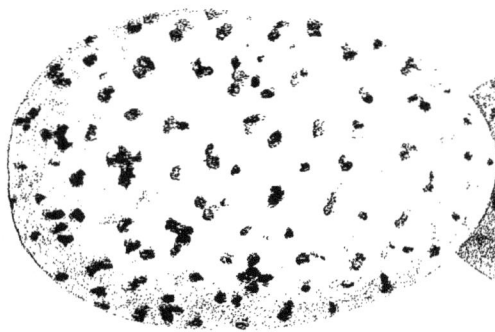

240

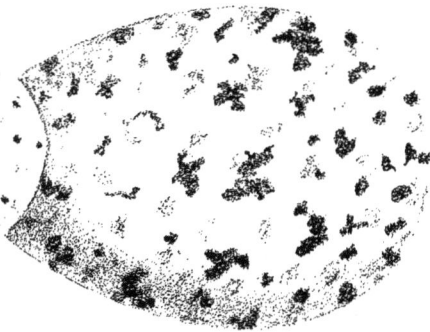

240

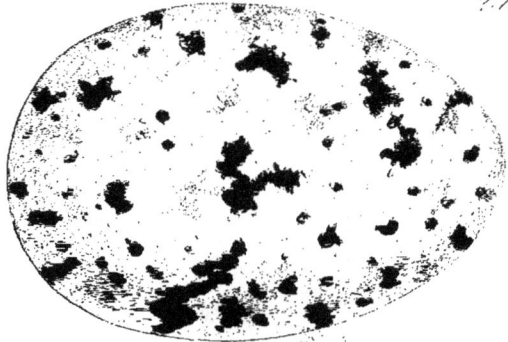

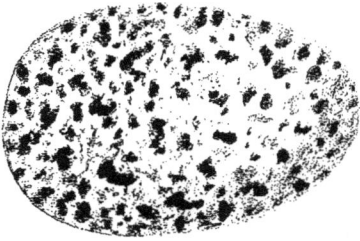
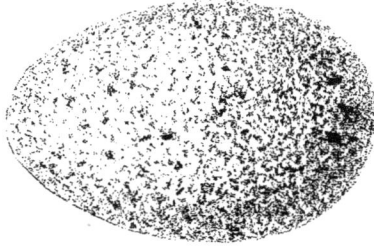

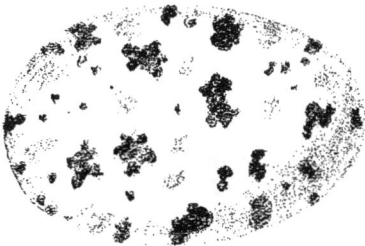
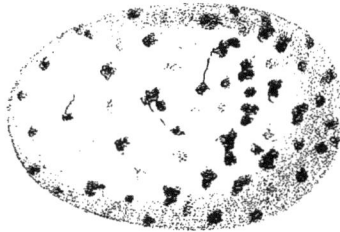
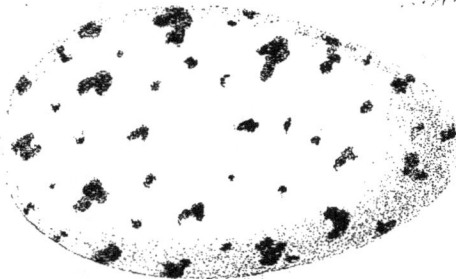

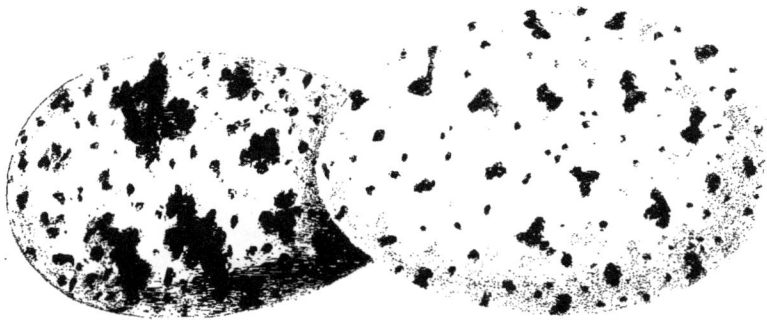

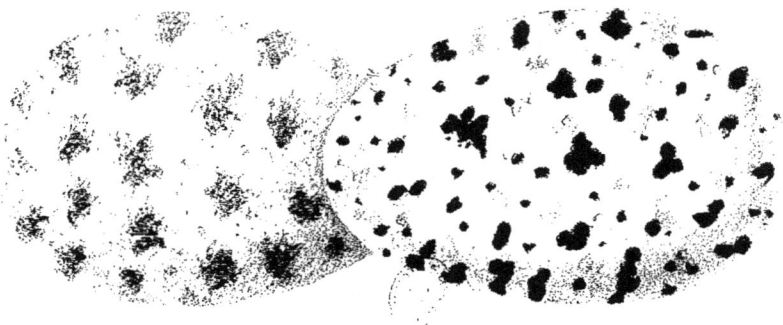

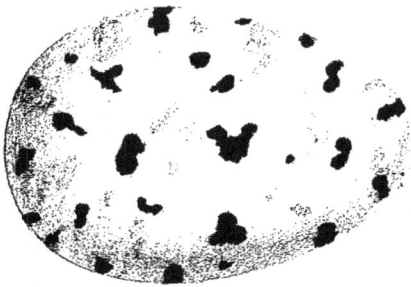

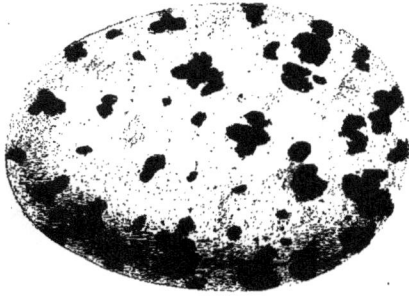

241

241

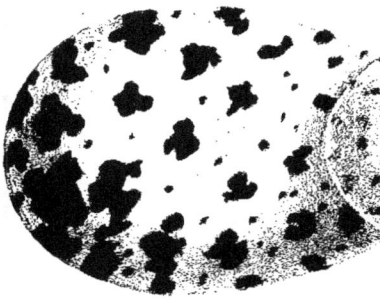

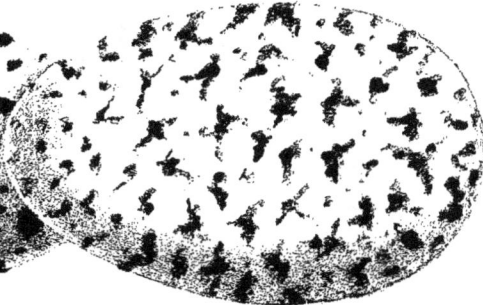

241

241

241

241

243

260

261

LVIII.

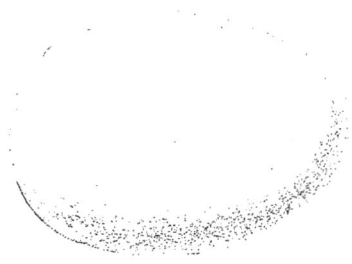

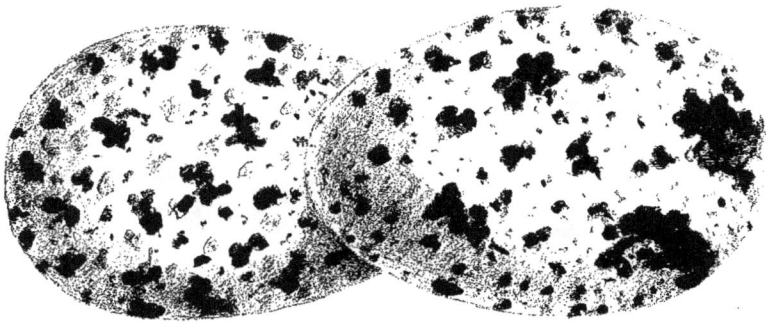

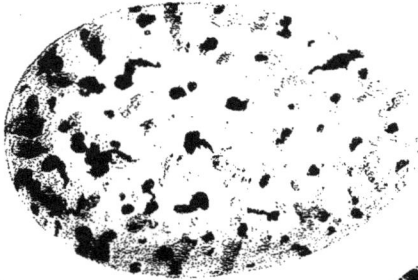

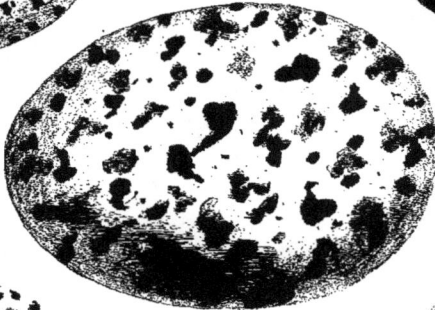

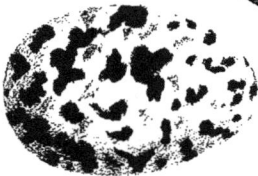

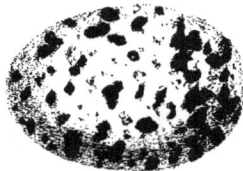

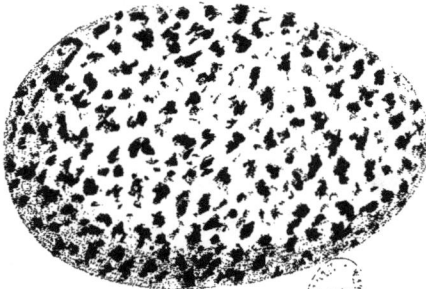

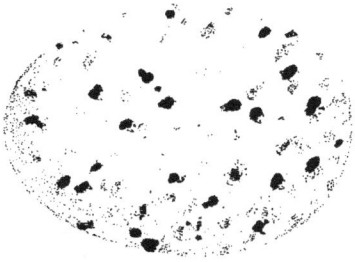

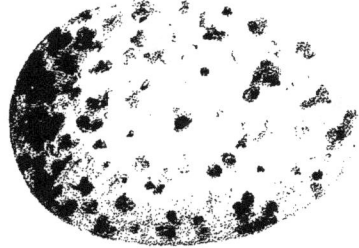

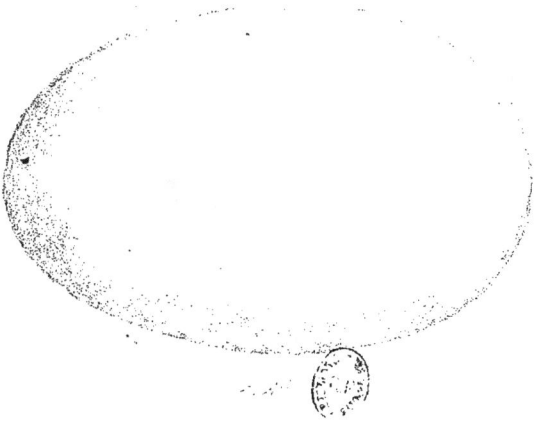

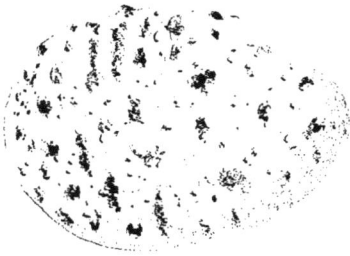
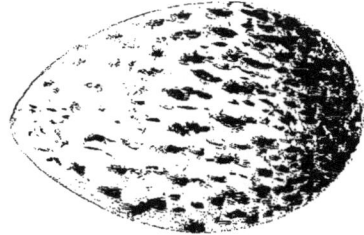

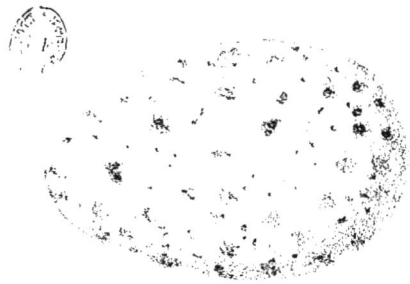

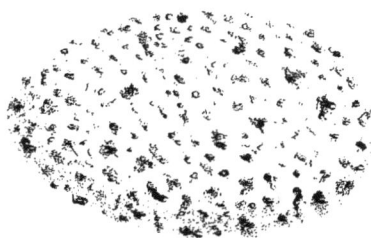

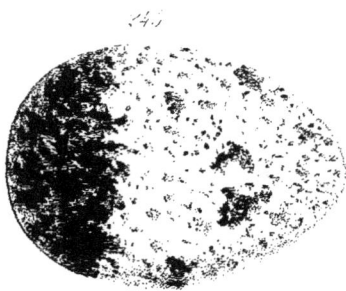

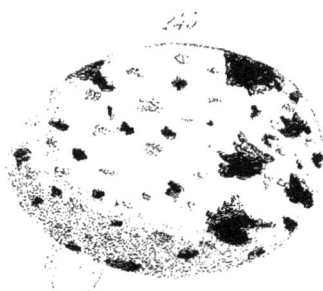

291

277

252

270

276

310

220

262.

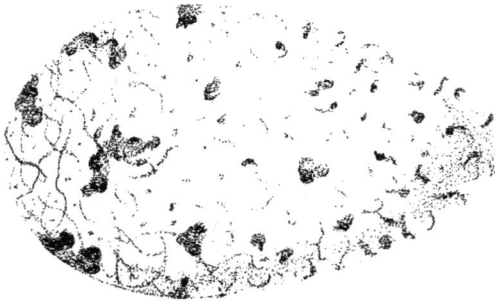

262.

263. *264.*

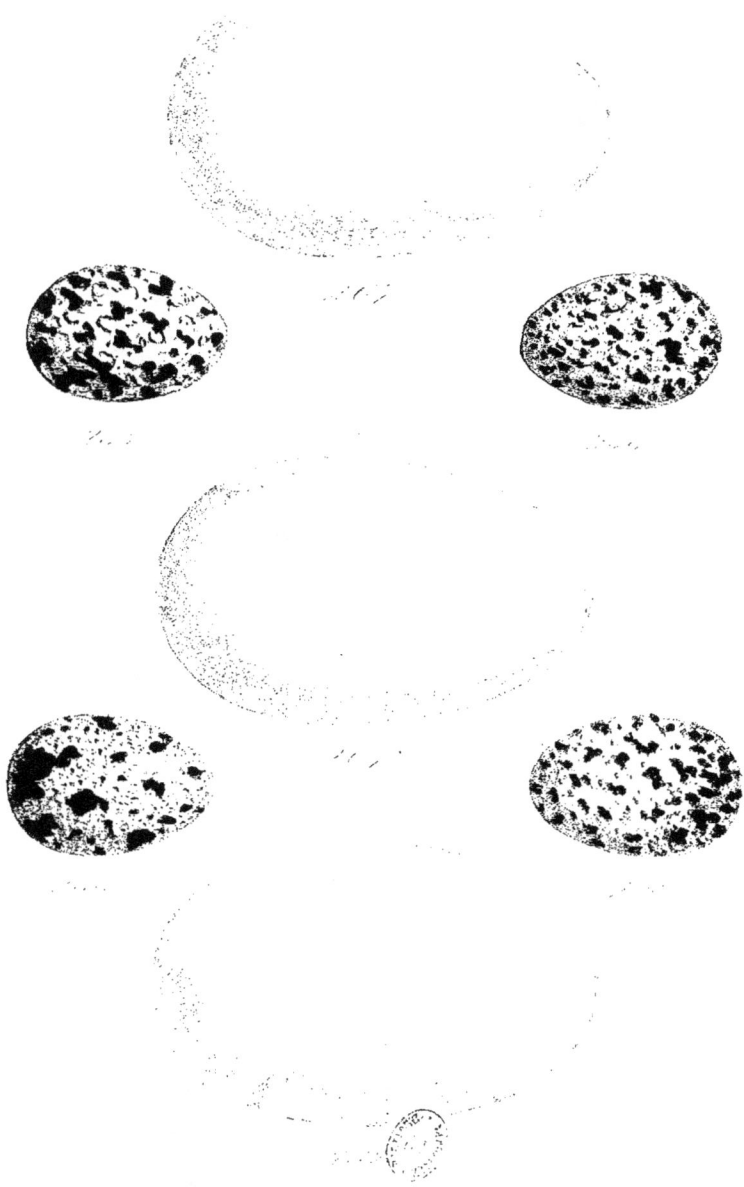

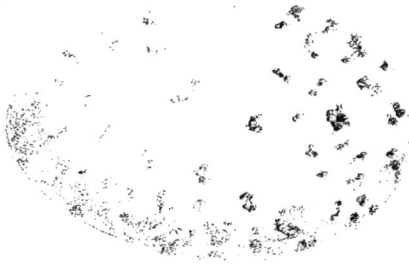

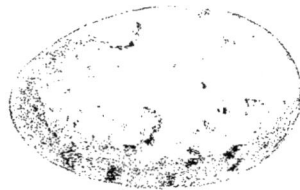

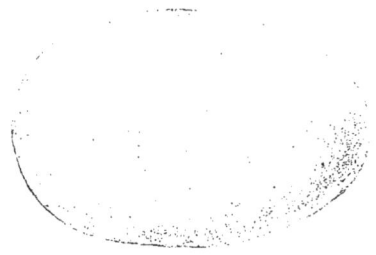

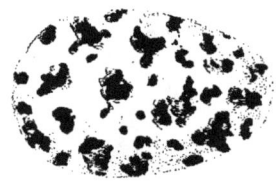

251

231

106

2.95."

132

1070

FAUNE ILLUSTRÉE

DES

VERTÉBRÉS

DE LA BELGIQUE

PAR

acq. 1...

ALPHONSE DUBOIS

DOCTEUR EN SCIENCES,

Conservateur au Musée royal d'histoire naturelle de Belgique,

Membre du Comité ornithologique international et permanent,

Chevalier de l'Ordre de Léopold, etc.

SÉRIE II

LES OISEAUX

Livraisons 1 4

BRUXELLES et LEIPZIG

à la librairie C. Muquardt,

TH. FALK, S[r]

Rue des Paroissiens, 18-20-22

et chez l'auteur, au Musée royal d'histoire naturelle à Bruxelles.

1892

AVIS. — L'éditeur ne répond pas de pouvoir remplacer les livraisons ou planches souillées ou perdues. Aucune réclamation ne sera admise un mois après la distribution des livraisons

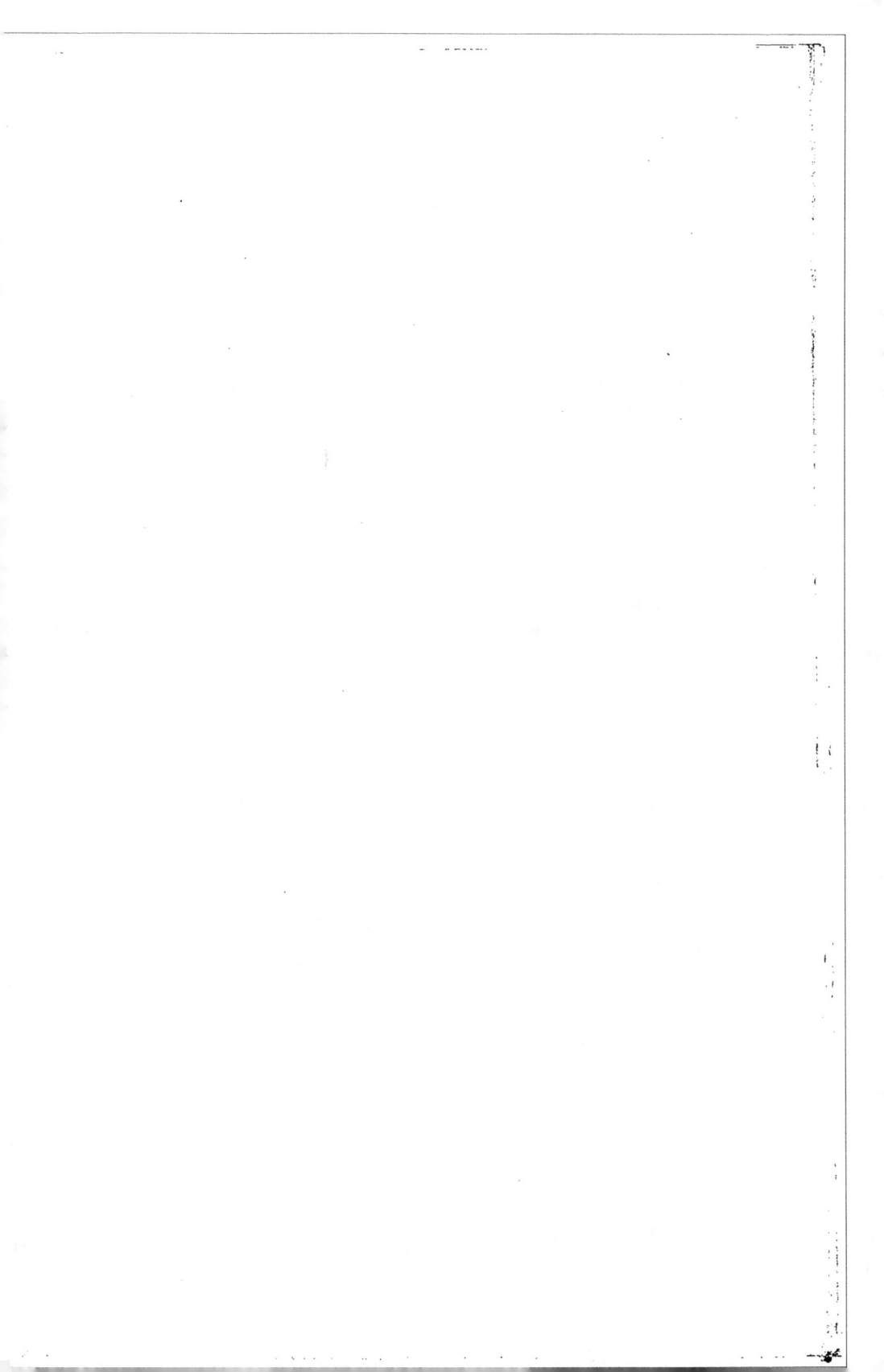

Publications de M. Alph. DUBOIS

FAUNE ILLUSTRÉE DES VERTÉBRÉS DE LA BELGIQUE. *Série des Oiseaux* qui formera 4 vol. in-4° avec pl. col. à la main et cartes, et comprendra environ 145 livraisons. La livraison. . . . . fr. 3,00

LE MÊME OUVRAGE, avec cartes mais sans atlas. Tome 1er. . . . fr. 48,00

LES LÉPIDOPTÈRES DE LA BELGIQUE, leurs chenilles et leurs chrysalides, décrits et figurés d'après nature sur l'une des plantes nourricières. 3 vol. in-8° avec 433 planches coloriées à la main (1862-1884). . . . . fr. 275,00

INTRODUCTION A LA LÉPIDOPTÉROLOGIE (Extrait du précédent), broch. in-8°, avec carte . . . . fr. 2,50

REVUE DES DERNIERS SYSTÈMES ORNITHOLOGIQUES ET NOUVELLE CLASSIFICATION PROPOSÉE POUR LES OISEAUX. Broch. in-8°. 1891 (Extrait des Mém. de la Soc. Zool. de France) . . . . fr. 1,25

HISTOIRE POPULAIRE DES ANIMAUX UTILES DE LA BELGIQUE, (*Mammifères, oiseaux, reptiles, batraciens, insectes et arachnides). Nouvelle édition revue et augmentée.* 1 vol. in-12 illustré. Bruxelles, 1889 . . . . fr. 1,75

REVUE CRITIQUE DES OISEAUX DE LA FAMILLE DES BUCÉROTIDÉS (Calaos), broch. in-8°, avec 2 pl. col. Bruxelles, 1884 . . . . fr. 3,00

MANUEL DE ZOOLOGIE, *conforme aux progrès de la science.* 1 vol. in-12 avec 177 gravures intercalées dans le texte. Bruxelles, 1882. . . . . . fr. 6,00

APERÇU DU RÈGNE ANIMAL ou *premières notions de Zoologie.* 1 vol. in-12 avec 166 gravures intercalées dans le texte. (Ouvrage adopté par le Conseil de perfectionnement pour l'enseignement moyen.) — Bruxelles, 1882 . . . fr. 3,00

CONSPECTUS SYSTEMATICUS ET GEOGRAPHICUS AVIUM EUROPÆARUM, Broch. in-8°. Bruxelles, 1871 . . . . fr. 3,00

ARCHIVES COSMOLOGIQUES. *Revue des sciences naturelles,* 1 vol. in-8° avec 13 pl. col. et en noir. Bruxelles, 1867. . . . . fr. 8,00

TRAITÉ D'ENTOMOLOGIE HORTICOLE, AGRICOLE ET FORESTIÈRE. 1 vol. in-8° avec 4 pl. col. Gand, 1865 (*ouvrage couronné*). — Épuisé.

N. B.—On peut se procurer chez le même auteur, les différents travaux qu'il a publiés dans les Bulletins de l'*Académie royale de Belgique,* du *Musée royal d'histoire naturelle de Belgique* et de la *Société zoologique de France*

LES OISEAUX DE L'EUROPE, *espèces non observées en Belgique,* par CH. F. DUBOIS père. 2 volumes in-8°, avec 317 pl. col. Bruxelles, 1864-72 . . fr. 150 00

CATALOGUE SYSTÉMATIQUE DES OISEAUX DE L'EUROPE, par CH. F. DUBOIS père. Broch. in-8°; Bruxelles, 1865 . . . . fr. 1 25

FAUNE ILLUSTRÉE

DES

VERTÉBRÉS

DE LA BELGIQUE

PAR

ALPHONSE DUBOIS

DOCTEUR EN SCIENCES,

Conservateur au Musée royal d'histoire naturelle de Belgique,

Membre du Comité ornithologique international et permanent,

Chevalier de l'Ordre de Léopold, etc.

SÉRIE II

LES OISEAUX

Livraison 45

BRUXELLES et LEIPZIG

à la librairie C. Muquardt,

TH. FALK, S^r

Rue des Paroissiens, 18-20-22

et chez l'auteur, au Musée royal d'histoire naturelle à Bruxelles.

189?

AVIS.—L'éditeur ne répond pas de pouvoir remplacer les livraisons ou planches souillées ou perdues. Aucune réclamation ne sera admise un mois après la distribution des livraisons.

Publications de M. Alph. DUBOIS

FAUNE ILLUSTRÉE DES VERTÉBRÉS DE LA BELGIQUE. *Série des Oiseaux* qui formera 4 vol. in-4° avec pl. col. à la main et cartes, et comprendra environ 145 livraisons. La livraison. . . . . fr. 3,00

LE MÊME OUVRAGE, avec cartes mais sans atlas. Tome 1er. . . . fr. 48,00

LES LÉPIDOPTÈRES DE LA BELGIQUE, leurs chenilles et leurs chrysalides, décrits et figurés d'après nature sur l'une des plantes nourricières. 3 vol. in-8° avec 433 planches coloriées à la main (1862-1884). . . . . fr. 275,00

INTRODUCTION A LA LÉPIDOPTÉROLOGIE (Extrait du précédent), broch. in-8°, avec carte . . . . fr. 2,50

REVUE DES DERNIERS SYSTÈMES ORNITHOLOGIQUES ET NOUVELLE CLASSIFICATION PROPOSÉE POUR LES OISEAUX. Broch. in-8°. 1891 (Extrait des Mém. de la Soc. Zool. de France) . . . . fr. 1,25

HISTOIRE POPULAIRE DES ANIMAUX UTILES DE LA BELGIQUE, *(Mammifères, oiseaux, reptiles, batraciens, insectes et arachnides). Nouvelle édition revue et augmentée.* 1 vol. in-12 illustré. Bruxelles, 1889 . . . . fr. 1,75

REVUE CRITIQUE DES OISEAUX DE LA FAMILLE DES BUCÉROTIDÉS (Calaos), broch. in-8°, avec 2 pl. col. Bruxelles, 1884 . . . . fr. 3,00

MANUEL DE ZOOLOGIE, *conforme aux progrès de la science.* 1 vol. in-12 avec 177 gravures intercalées dans le texte. Bruxelles, 1882. . . . . fr. 6,00

APERÇU DU RÈGNE ANIMAL ou *premières notions de Zoologie.* 1 vol. in-12 avec 166 gravures intercalées dans le texte. (Ouvrage adopté par le Conseil de perfectionnement pour l'enseignement moyen.) — Bruxelles, 1882 . . . fr. 3,00

CONSPECTUS SYSTEMATICUS ET GEOGRAPHICUS AVIUM EUROPÆARUM, Broch. in-8°. Bruxelles, 1871 . . . . fr. 3,00

ARCHIVES COSMOLOGIQUES. *Revue des sciences naturelles,* 1 vol. in-8° avec 13 pl. col. et en noir. Bruxelles, 1867. . . . . fr. 8,00

TRAITÉ D'ENTOMOLOGIE HORTICOLE, AGRICOLE ET FORESTIÈRE. 1 vol. in-8° avec 4 pl. col. Gand, 1865 (*ouvrage couronné*). — Épuisé.

N. B.— On peut se procurer chez le même auteur, les différents travaux qu'il a publiés dans les Bulletins de l'*Académie royale de Belgique,* du *Musée royal d'histoire naturelle de Belgique* et de la *Société zoologique de France.*

LES OISEAUX DE L'EUROPE, *espèces non observées en Belgique,* par CH. F. DUBOIS père. 2 volumes in-8°, avec 317 pl. col. Bruxelles, 1864-72 . . fr. 150 00

CATALOGUE SYSTÉMATIQUE DES OISEAUX DE L'EUROPE, par CH. F. DUBOIS père. Broch. in-8°; Bruxelles, 1865 . . . . fr. 1 25

FAUNE ILLUSTRÉE

DES

VERTÉBRÉS

DE LA BELGIQUE

PAR

a c o. 155.370

ALPHONSE DUBOIS

DOCTEUR EN SCIENCES,

Conservateur au Musée royal d'histoire naturelle de Belgique,

Membre du Comité ornithologique international et permanent,

Chevalier de l'Ordre de Léopold, etc.

SÉRIE II

LES OISEAUX

Livraison

BRUXELLES et LEIPZIG

à la librairie C. Muquardt,

TH. FALK, S^r

Rue des Paroissiens, 18-20-22

et chez l'auteur, au Musée royal d'histoire naturelle à Bruxelles.

189

AVIS.—L'éditeur ne répond pas de pouvoir remplacer les livraisons ou planches souillées ou perdues. Aucune réclamation ne sera admise un mois après la distribution des livraisons.

Publications de M. Alph. DUBOIS

Faune illustrée des Vertébrés de la Belgique. *Série des Oiseaux* qui formera 4 vol. in-4° avec pl. col. à la main et cartes, et comprendra environ 145 livraisons. La livraison. . . . . fr. 3,00

Le même ouvrage, avec cartes mais sans atlas. Tome 1er. . . . . fr. 48,00

Les Lépidoptères de la Belgique, leurs chenilles et leurs chrysalides, décrits et figurés d'après nature sur l'une des plantes nourricières. 3 vol. in-8° avec 433 planches coloriées à la main (1862-1884). . . . . fr. 275,00

Introduction a la Lépidoptérologie (Extrait du précédent), broch. in-8°, avec carte . . . . fr. 2,50

Revue des derniers systèmes ornithologiques et Nouvelle Classification proposée pour les Oiseaux. Broch. in-8°. 1891 (Extrait des Mém. de la Soc. Zool. de France) . . . . fr. 1,25

Histoire populaire des animaux utiles de la belgique, *(Mammifères, oiseaux, reptiles, batraciens, insectes et arachnides). Nouvelle édition revue et augmentée.* 1 vol. in-12 illustré. Bruxelles, 1889 . . . . fr. 1,75

Revue critique des oiseaux de la famille des Bucérotidés (Calaos), broch. in-8°, avec 2 pl. col. Bruxelles, 1884 . . . . fr. 3,00

Manuel de Zoologie, *conforme aux progrès de la science.* 1 vol. in-12 avec 177 gravures intercalées dans le texte. Bruxelles, 1882. . . . . fr. 6,00

Aperçu du Règne animal ou *premières notions de Zoologie.* 1 vol. in-12 avec 166 gravures intercalées dans le texte. (Ouvrage adopté par le Conseil de perfectionnement pour l'enseignement moyen.) — Bruxelles, 1882 . . . fr. 3,00

Conspectus systematicus et geographicus avium Europæarum, Broch. in-8°. Bruxelles, 1871 . . . . fr. 3,00

Archives cosmologiques. *Revue des sciences naturelles*, 1 vol. in-8° avec 13 pl. col. et en noir. Bruxelles, 1867. . . . . fr. 8,00

Traité d'entomologie horticole, agricole et forestière. 1 vol. in-8° avec 4 pl. col. Gand, 1865 *(ouvrage couronné).* — Épuisé.

N. B.—On peut se procurer chez le même auteur, les différents travaux qu'il a publiés dans les Bulletins de l'*Académie royale de Belgique*, du *Musée royal d'histoire naturelle de Belgique* et de la *Société zoologique de France.*

Les Oiseaux de l'Europe, *espèces non observées en Belgique*, par Ch. F. Dubois père. 2 volumes in-8°, avec 317 pl. col. Bruxelles, 1864-72 . . fr. 150 00

Catalogue systématique des oiseaux de l'Europe, par Ch. F. Dubois père. Broch. in-8°; Bruxelles, 1865 . . . . fr. 1 25

FAUNE ILLUSTRÉE

DES

VERTÉBRÉS

DE LA BELGIQUE

PAR

ALPHONSE DUBOIS

DOCTEUR EN SCIENCES,

Conservateur au Musée royal d'histoire naturelle de Belgique,

Membre du Comité ornithologique international et permanent,

Chevalier de l'Ordre de Léopold, etc.

SÉRIE II

LES OISEAUX

Livraison)

BRUXELLES et LEIPZIG

à la librairie C. Muquardt,

TH. FALK, Sʳ

Rue des Paroissiens, 18-20-22

et chez l'auteur, au Musée royal d'histoire naturelle à Bruxelles.

189

Publications de M. Alph. DUBOIS

Faune illustrée des Vertébrés de la Belgique. *Série des Oiseaux* qui formera 4 vol. in-4° avec pl. col. à la main et cartes, et comprendra environ 145 livraisons. La livraison. fr. 3,00

Le même ouvrage, avec cartes mais sans atlas. Tome 1er. . . . fr. 48,00

Les Lépidoptères de la Belgique, leurs chenilles et leurs chrysalides, décrits et figurés d'après nature sur l'une des plantes nourricières. 3 vol. in-8° avec 433 planches coloriées à la main (1862-1884). . . . . fr. 275,00

Introduction a la Lépidoptérologie (Extrait du précédent), broch. in-8°, avec carte . . . . fr. 2,50

Revue des derniers systèmes ornithologiques et Nouvelle Classification proposée pour les Oiseaux. Broch. in-8°. 1891 (Extrait des Mém. de la Soc. Zool. de France) . . . . fr. 1,25

Histoire populaire des animaux utiles de la belgique, *(Mammifères, oiseaux, reptiles, batraciens, insectes et arachnides). Nouvelle édition revue et augmentée.* 1 vol. in-12 illustré. Bruxelles, 1889 . . . . fr. 1,75

Revue critique des oiseaux de la famille des Bucérotidés (Calaos), broch. in-8°, avec 2 pl. col. Bruxelles, 1884 . . . . fr. 3,00

Manuel de Zoologie, *conforme aux progrès de la science.* 1 vol. in-12 avec 177 gravures intercalées dans le texte. Bruxelles, 1882. . . . . fr. 6,00

Aperçu du Règne animal ou *premières notions de Zoologie.* 1 vol. in-12 avec 166 gravures intercalées dans le texte. (Ouvrage adopté par le Conseil de perfectionnement pour l'enseignement moyen.) — Bruxelles, 1882 . . . fr. 3,00

Conspectus systematicus et geographicus avium Europæarum, Broch. in-8°. Bruxelles, 1871 . . . . fr. 3,00

Archives cosmologiques. *Revue des sciences naturelles,* 1 vol. in-8° avec 13 pl. col. et en noir. Bruxelles, 1867. . . . . fr. 8,00

Traité d'entomologie horticole, agricole et forestière. 1 vol. in-8° avec 4 pl. col. Gand, 1865 *(ouvrage couronné).* — Épuisé.

N B.—On peut se procurer chez le même auteur, les différents travaux qu'il a publiés dans les Bulletins de l'*Académie royale de Belgique,* du *Musée royal d'histoire naturelle de Belgique* et de la *Société zoologique de France.*

Les Oiseaux de l'Europe, *espèces non observées en Belgique,* par Ch. F. Dubois père. 2 volumes in-8°, avec 317 pl. col. Bruxelles, 1864-72 . . fr. 150 00

Catalogue systématique des oiseaux de l'europe, par Ch. F. Dubois père. Broch. in-8°; Bruxelles, 1865 . . . . fr. 1 25

FAUNE ILLUSTRÉE

DES

VERTÉBRÉS

DE LA BELGIQUE

PAR

ALPHONSE DUBOIS

DOCTEUR EN SCIENCES,

Conservateur au Musée royal d'histoire naturelle de Belgique,

Membre du Comité ornithologique international et permanent.

Chevalier de l'Ordre de Léopold, etc.

SÉRIE II

LES OISEAUX

Livraison

BRUXELLES et LEIPZIG

à la librairie C. Muquardt,

TH. FALK, Sr

Rue des Paroissiens, 18-20-22

et chez l'auteur, au Musée royal d'histoire naturelle à Bruxelles.

189

TOUS DROITS RÉSERVÉS

Publications de M. Alph. DUBOIS

FAUNE ILLUSTRÉE DES VERTÉBRÉS DE LA BELGIQUE. *Série des Oiseaux* qui formera 4 vol. in-4° avec pl. col. à la main et cartes, et comprendra environ 145 livraisons. La livraison. . . . . fr. 3,00

LE MÊME OUVRAGE, avec cartes mais sans atlas. Tome 1er. . . . fr. 48,00

LES LÉPIDOPTÈRES DE LA BELGIQUE, leurs chenilles et leurs chrysalides, décrits et figurés d'après nature sur l'une des plantes nourricières. 3 vol. in-8° avec 433 planches coloriées à la main (1862-1884). . . . . fr. 275,00

INTRODUCTION A LA LÉPIDOPTÉROLOGIE (Extrait du précédent), broch. in-8°, avec carte . . . . fr. 2,50

REVUE DES DERNIERS SYSTEMES ORNITHOLOGIQUES ET NOUVELLE CLASSIFICATION PROPOSÉE POUR LES OISEAUX. Broch. in-8°. 1891 (Extrait des Mém. de la Soc. Zool. de France) . . . . fr. 1,25

HISTOIRE POPULAIRE DES ANIMAUX UTILES DE LA BELGIQUE, *(Mammifères, oiseaux, reptiles, batraciens, insectes et arachnides). Nouvelle édition revue et augmentée.* 1 vol. in-12 illustré. Bruxelles, 1889 . . . . fr. 1,75

REVUE CRITIQUE DES OISEAUX DE LA FAMILLE DES BUCÉROTIDÉS (Calaos), broch. in-8°, avec 2 pl. col. Bruxelles, 1884 . . . . fr. 3,00

MANUEL DE ZOOLOGIE, *conforme aux progrès de la science.* 1 vol. in-12 avec 177 gravures intercalées dans le texte. Bruxelles, 1882. . . . . . fr. 6,00

APERÇU DU RÈGNE ANIMAL ou *premières notions de Zoologie.* 1 vol. in-12 avec 166 gravures intercalées dans le texte. (Ouvrage adopté par le Conseil de perfectionnement pour l'enseignement moyen.) — Bruxelles, 1882 . . . fr. 3,00

CONSPECTUS SYSTEMATICUS ET GEOGRAPHICUS AVIUM EUROPÆARUM, Broch. in-8°. Bruxelles, 1871 . . . . fr. 3,00

ARCHIVES COSMOLOGIQUES. *Revue des sciences naturelles,* 1 vol. in-8° avec 13 pl. col. et en noir. Bruxelles, 1867. . . . . fr. 8,00

TRAITÉ D'ENTOMOLOGIE HORTICOLE, AGRICOLE ET FORESTIÈRE. 1 vol. in-8° avec 4 pl. col. Gand, 1865 *(ouvrage couronné).* — Épuisé.

N. B.—On peut se procurer chez le même auteur, les différents travaux qu'il a publiés dans les Bulletins de l'*Académie royale de Belgique,* du *Musée royal d'histoire naturelle de Belgique* et de la *Société zoologique de France.*

LES OISEAUX DE L'EUROPE, *espèces non observées en Belgique,* par CH. F. DUBOIS père. 2 volumes in-8°, avec 317 pl. col. Bruxelles, 1864-72 . . fr. 150 00

CATALOGUE SYSTÉMATIQUE DES OISEAUX DE L'EUROPE, par CH. F. DUBOIS père. Broch. in-8°; Bruxelles, 1865 . . . . fr. 1 25

FAUNE ILLUSTRÉE

DES

VERTÉBRÉS

DE LA BELGIQUE

PAR

ALPHONSE DUBOIS

DOCTEUR EN SCIENCES,

Conservateur au Musée royal d'histoire naturelle de Belgique,

Membre du Comité ornithologique international et permanent,

Chevalier de l'Ordre de Léopold, etc.

SÉRIE II

LES OISEAUX

Livraison 1

BRUXELLES et LEIPZIG

à la librairie C. Muquardt,

TH. FALK, Sr

Rue des Paroissiens, 18-20-22

et chez l'auteur, au Musée royal d'histoire naturelle à Bruxelles.

1893

AVIS.—L'éditeur ne répond pas de pouvoir remplacer les livraisons ou planches souillées ou perdues. Aucune réclamation ne sera admise un mois après la distribution des livraisons.

Publications de M. Alph. DUBOIS

FAUNE ILLUSTRÉE DES VERTÉBRÉS DE LA BELGIQUE. *Série des Oiseaux* qui formera 4 vol. in-4º avec pl. col. à la main et cartes, et comprendra environ 145 livraisons. La livraison. . . . . fr. 3,00

LE MÊME OUVRAGE, avec cartes mais sans atlas. Tome 1er. . . . . fr. 48,00

LES LÉPIDOPTÈRES DE LA BELGIQUE, leurs chenilles et leurs chrysalides, décrits et figurés d'après nature sur l'une des plantes nourricières. 3 vol. in-8º avec 433 planches coloriées à la main (1862-1884). . . . . fr. 275,00

INTRODUCTION A LA LÉPIDOPTÉROLOGIE (Extrait du précédent), broch. in-8º, avec carte . . . . fr. 2,50

REVUE DES DERNIERS SYSTÈMES ORNITHOLOGIQUES ET NOUVELLE CLASSIFICATION PROPOSÉE POUR LES OISEAUX. Broch. in-8º. 1891 (Extrait des Mém. de la Soc. Zool. de France) . . . . fr. 1,25

HISTOIRE POPULAIRE DES ANIMAUX UTILES DE LA BELGIQUE, *(Mammifères, oiseaux, reptiles, batraciens, insectes* et *arachnides). Nouvelle édition revue et augmentée.* 1 vol. in-12 illustré. Bruxelles, 1889 . . . . fr. 1,75

REVUE CRITIQUE DES OISEAUX DE LA FAMILLE DES BUCÉROTIDÉS (Calaos), broch. in-8º, avec 2 pl. col. Bruxelles, 1884 . . . . fr. 3,00

MANUEL DE ZOOLOGIE, *conforme aux progrès de la science.* 1 vol. in-12 avec 177 gravures intercalées dans le texte. Bruxelles, 1882. . . . . fr. 6,00

APERÇU DU RÈGNE ANIMAL ou *premières notions de Zoologie.* 1 vol. in-12 avec 166 gravures intercalées dans le texte. (Ouvrage adopté par le Conseil de perfectionnement pour l'enseignement moyen.) — Bruxelles, 1882 . . . fr. 3,00

CONSPECTUS SYSTEMATICUS ET GEOGRAPHICUS AVIUM EUROPÆARUM, Broch. in-8º. Bruxelles, 1871 . . . . fr. 3,00

ARCHIVES COSMOLOGIQUES. *Revue des sciences naturelles,* 1 vol. in-8º avec 13 pl. col. et en noir. Bruxelles, 1867. . . . . fr. 8,00

TRAITÉ D'ENTOMOLOGIE HORTICOLE, AGRICOLE ET FORESTIÈRE. 1 vol. in-8º avec 4 pl. col. Gand, 1865 *(ouvrage couronné).* — Épuisé.

N. B.—On peut se procurer chez le même auteur, les différents travaux qu'il a publiés dans les Bulletins de l'*Académie royale de Belgique,* du *Musée royal d'histoire naturelle de Belgique* et de la *Société zoologique de France.*

LES OISEAUX DE L'EUROPE, *espèces non observées en Belgique,* par CH. F. DUBOIS père. 2 volumes in-8º, avec 317 pl. col. Bruxelles, 1864-72 . . fr. 150 00

CATALOGUE SYSTÉMATIQUE DES OISEAUX DE L'EUROPE, par CH. F. DUBOIS père. Broch. in-8º; Bruxelles, 1865 . . . . fr. 1 25

FAUNE ILLUSTRÉE

DES

VERTÉBRÉS

DE LA BELGIQUE

PAR

ALPHONSE DUBOIS

DOCTEUR EN SCIENCES,

Conservateur au Musée royal d'histoire naturelle de Belgique.

Membre du Comité ornithologique international et permanent.

Chevalier de l'Ordre de Léopold, etc.

SÉRIE II

LES OISEAUX

Livraison 15

BRUXELLES et LEIPZIG

à la librairie C. Muquardt.

TH. FALK, Sr

Rue des Paroissiens, 18-20-22

et chez l'auteur, au Musée royal d'histoire naturelle à Bruxelles,

189

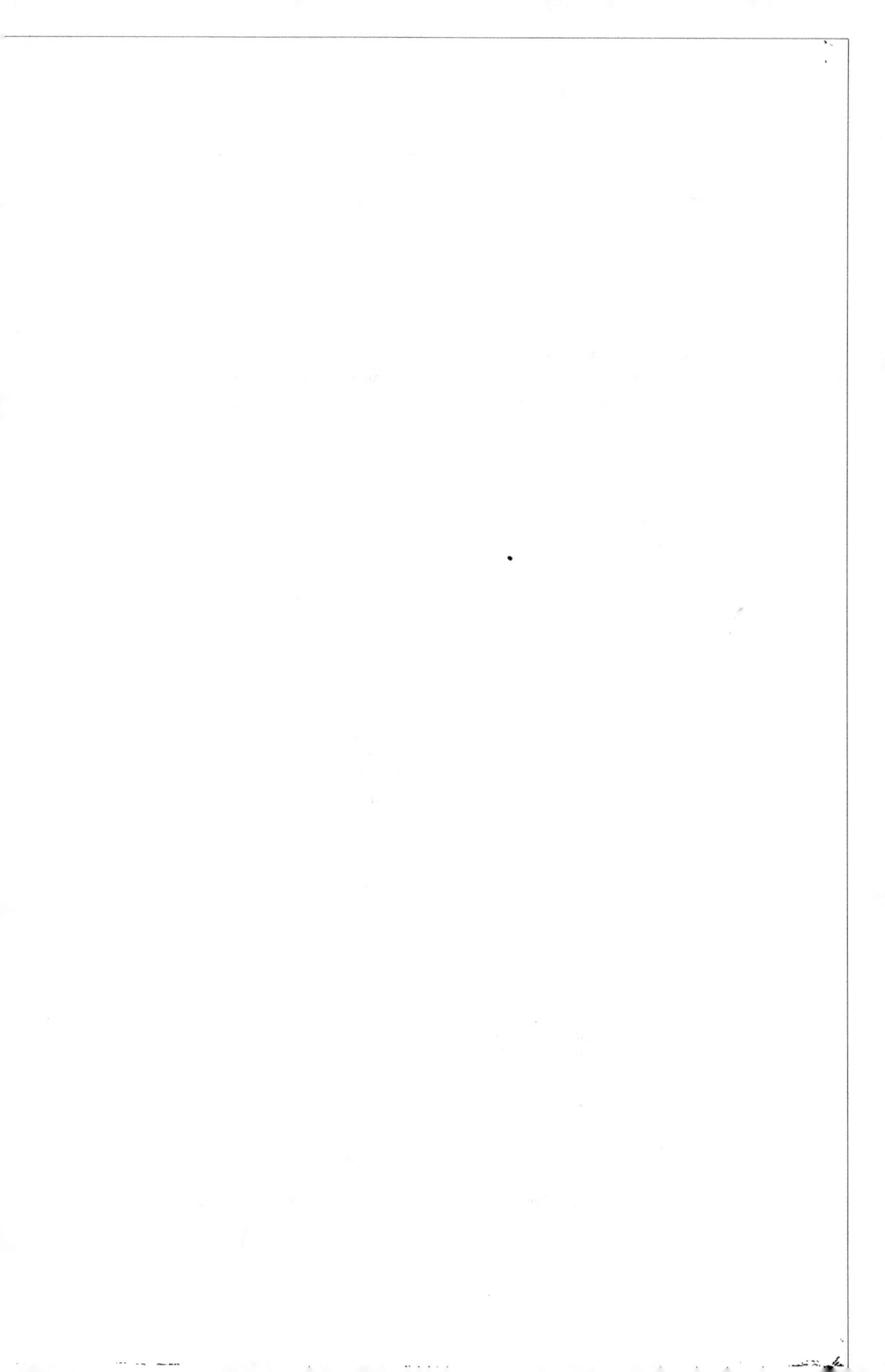

Publications de M. Alph. DUBOIS

Faune illustrée des Vertébrés de la Belgique. *Série des Oiseaux* qui formera 4 vol. in-4º avec pl. col. à la main et cartes, et comprendra environ 145 livraisons. La livraison. . . . . fr. 3,00

Le même ouvrage, avec cartes mais sans atlas. Tome 1er. . . . . fr. 48,00

Les Lépidoptères de la Belgique, leurs chenilles et leurs chrysalides, décrits et figurés d'après nature sur l'une des plantes nourricières. 3 vol. in-8º avec 433 planches coloriées à la main (1862-1884). . . . . fr. 275,00

Introduction a la Lépidoptérologie (Extrait du précédent), broch. in-8º, avec carte . . . . fr. 2,50

Revue des derniers systèmes ornithologiques et Nouvelle Classification proposée pour les Oiseaux. Broch. in-8º. 1891 (Extrait des Mém. de la Soc. Zool. de France) . . . . fr. 1,25

Histoire populaire des animaux utiles de la belgique, *(Mammifères, oiseaux, reptiles, batraciens, insectes et arachnides). Nouvelle édition revue et augmentée.* 1 vol. in-12 illustré. Bruxelles, 1889 . . . . fr. 1,75

Revue critique des oiseaux de la famille des Bucérotidés (Calaos), broch. in-8º, avec 2 pl. col. Bruxelles, 1884 . . . . fr. 3,00

Manuel de Zoologie, *conforme aux progrès de la science.* 1 vol. in-12 avec 177 gravures intercalées dans le texte. Bruxelles, 1882. . . . . . fr. 6,00

Aperçu du Règne animal ou *premières notions de Zoologie.* 1 vol. in-12 avec 166 gravures intercalées dans le texte. (Ouvrage adopté par le Conseil de perfectionnement pour l'enseignement moyen.) — Bruxelles, 1882 . . . . fr. 3,00

Conspectus systematicus et geographicus avium Europæarum, Broch. in-8º. Bruxelles, 1871 . . . . fr. 3,00

Archives cosmologiques. *Revue des sciences naturelles,* 1 vol. in-8º avec 13 pl. col. et en noir. Bruxelles, 1867. . . . . fr. 8,00

Traité d'entomologie horticole, agricole et forestière. 1 vol. in-8º avec 4 pl. col. Gand, 1865 *(ouvrage couronné).* — Épuisé.

N. B.—On peut se procurer chez le même auteur, les différents travaux qu'il a publiés dans les Bulletins de l'*Académie royale de Belgique,* du *Musée royal d'histoire naturelle de Belgique* et de la *Société zoologique de France.*

Les Oiseaux de l'Europe, *espèces non observées en Belgique,* par Ch. F. Dubois père. 2 volumes in-8º, avec 317 pl. col. Bruxelles, 1864-72 . . fr. 150 00

Catalogue systématique des oiseaux de l'europe, par Ch. F. Dubois père. Broch. in-8º; Bruxelles, 1865 . . . . fr. 1 25

FAUNE ILLUSTRÉE

DES

VERTÉBRÉS

DE LA BELGIQUE

PAR

ALPHONSE DUBOIS

DOCTEUR EN SCIENCES,

Conservateur au Musée royal d'histoire naturelle de Belgique,

Membre du Comité ornithologique international et permanent,

Chevalier de l'Ordre de Léopold, etc.

———◆———

SÉRIE II

LES OISEAUX

Livraison

BRUXELLES et LEIPZIG

à la librairie C. Muquardt,

TH. FALK, Sʳ

Rue des Paroissiens, 18-20-22

et chez l'auteur, au Musée royal d'histoire naturelle à Bruxelles.

189

TOUS DROITS RÉSERVÉS

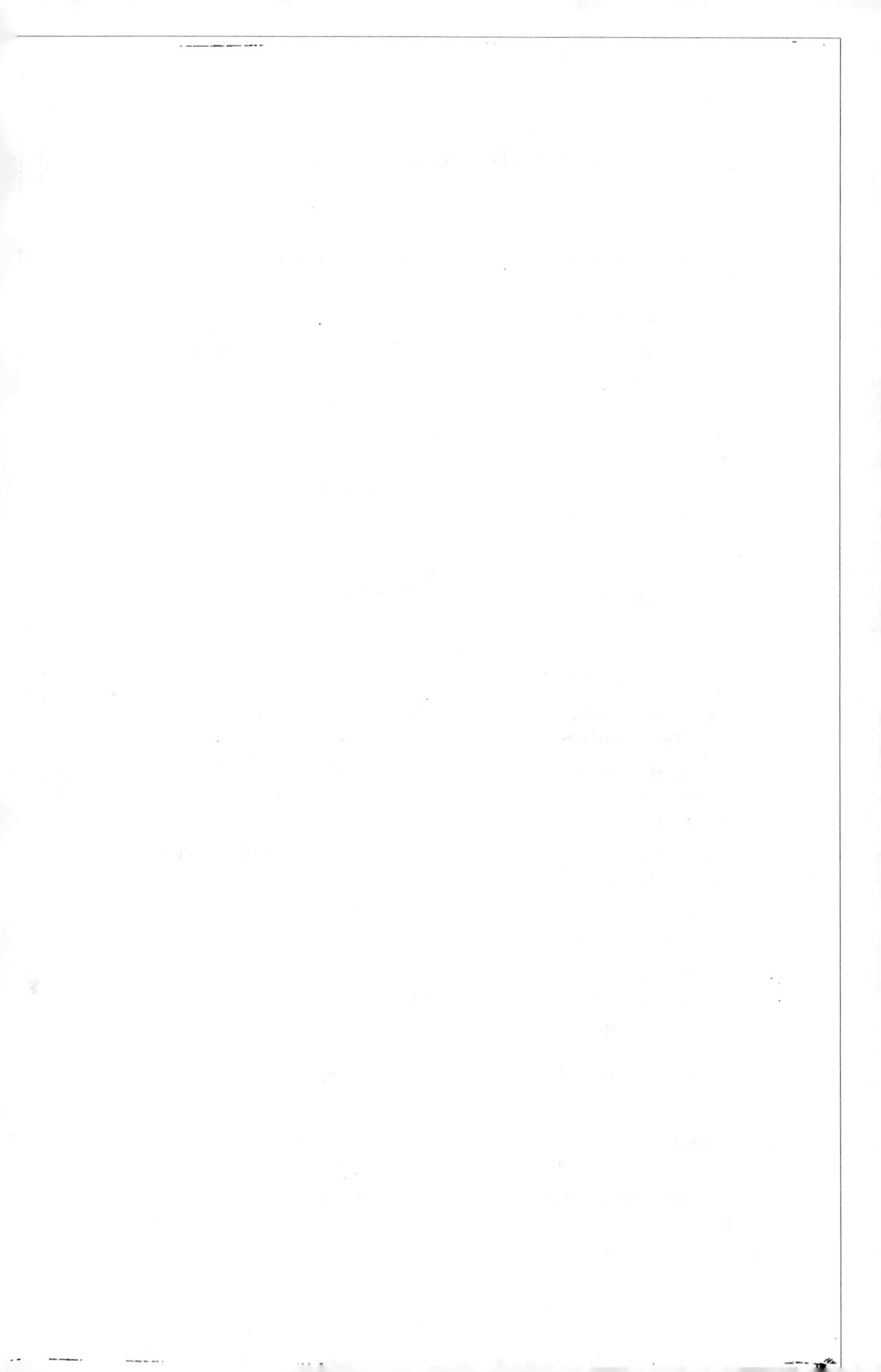

Publications de M. Alph. DUBOIS

FAUNE ILLUSTRÉE DES VERTÉBRÉS DE LA BELGIQUE. *Série des Oiseaux* qui formera 4 vol. in-4° avec pl. col. à la main et cartes, et comprendra environ 145 livraisons. La livraison. . . . . fr. 3,00

LE MÊME OUVRAGE, avec cartes mais sans atlas. Tome 1er. . . . . fr. 48,00

LES LÉPIDOPTÈRES DE LA BELGIQUE, leurs chenilles et leurs chrysalides, décrits et figurés d'après nature sur l'une des plantes nourricières. 3 vol. in-8° avec 433 planches coloriées à la main (1862-1884). . . . . fr. 275,00

INTRODUCTION A LA LÉPIDOPTÉROLOGIE .Extrait du précédent), broch. in-8°, avec carte . . . . fr. 2,50

REVUE DES DERNIERS SYSTÈMES ORNITHOLOGIQUES ET NOUVELLE CLASSIFICATION PROPOSÉE POUR LES OISEAUX. Broch. in-8°. 1891 (Extrait des Mém. de la Soc. Zool. de France . . . . fr. 1,25

HISTOIRE POPULAIRE DES ANIMAUX UTILES DE LA BELGIQUE, *(Mammifères, oiseaux, reptiles, batraciens, insectes et arachnides). Nouvelle édition revue et augmentée.* 1 vol. in-12 illustré. Bruxelles, 1889 . . . . fr. 1,75

REVUE CRITIQUE DES OISEAUX DE LA FAMILLE DES BUCÉROTIDÉS (Calaos), broch. in-8°, avec 2 pl. col. Bruxelles, 1884 . . . . fr. 3,00

MANUEL DE ZOOLOGIE, *conforme aux progrès de la science.* 1 vol. in-12 avec 177 gravures intercalées dans le texte. Bruxelles, 1882. . . . . . fr. 6,00

APERÇU DU RÈGNE ANIMAL ou *premières notions de Zoologie.* 1 vol. in-12 avec 166 gravures intercalées dans le texte. (Ouvrage adopté par le Conseil de perfectionnement pour l'enseignement moyen.) — Bruxelles, 1882 . . . fr. 3,00

CONSPECTUS SYSTEMATICUS ET GEOGRAPHICUS AVIUM EUROPÆARUM, Broch. in-8°. Bruxelles, 1871 . . . . fr. 3,00

ARCHIVES COSMOLOGIQUES. *Revue des sciences naturelles,* 1 vol. in-8° avec 13 pl. col. et en noir. Bruxelles, 1867. . . . . fr. 8,00

TRAITÉ D'ENTOMOLOGIE HORTICOLE, AGRICOLE ET FORESTIÈRE. 1 vol. in-8° avec 4 pl. col. Gand, 1865 *(ouvrage couronné).* — Épuisé.

N. B.—On peut se procurer chez le même auteur, les différents travaux qu'il a publiés dans les Bulletins de l'*Académie royale de Belgique,* du *Musée royal d'histoire naturelle de Belgique* et de la *Société zoologique de France.*

LES OISEAUX DE L'EUROPE, *espèces non observées en Belgique,* par CH. F. DUBOIS père. 2 volumes in-8°, avec 317 pl. col. Bruxelles, 1864-72 . . fr. 150 00

CATALOGUE SYSTÉMATIQUE DES OISEAUX DE L'EUROPE, par CH. F. DUBOIS père. Broch. in-8°; Bruxelles, 1865 . . . . fr. 1 25

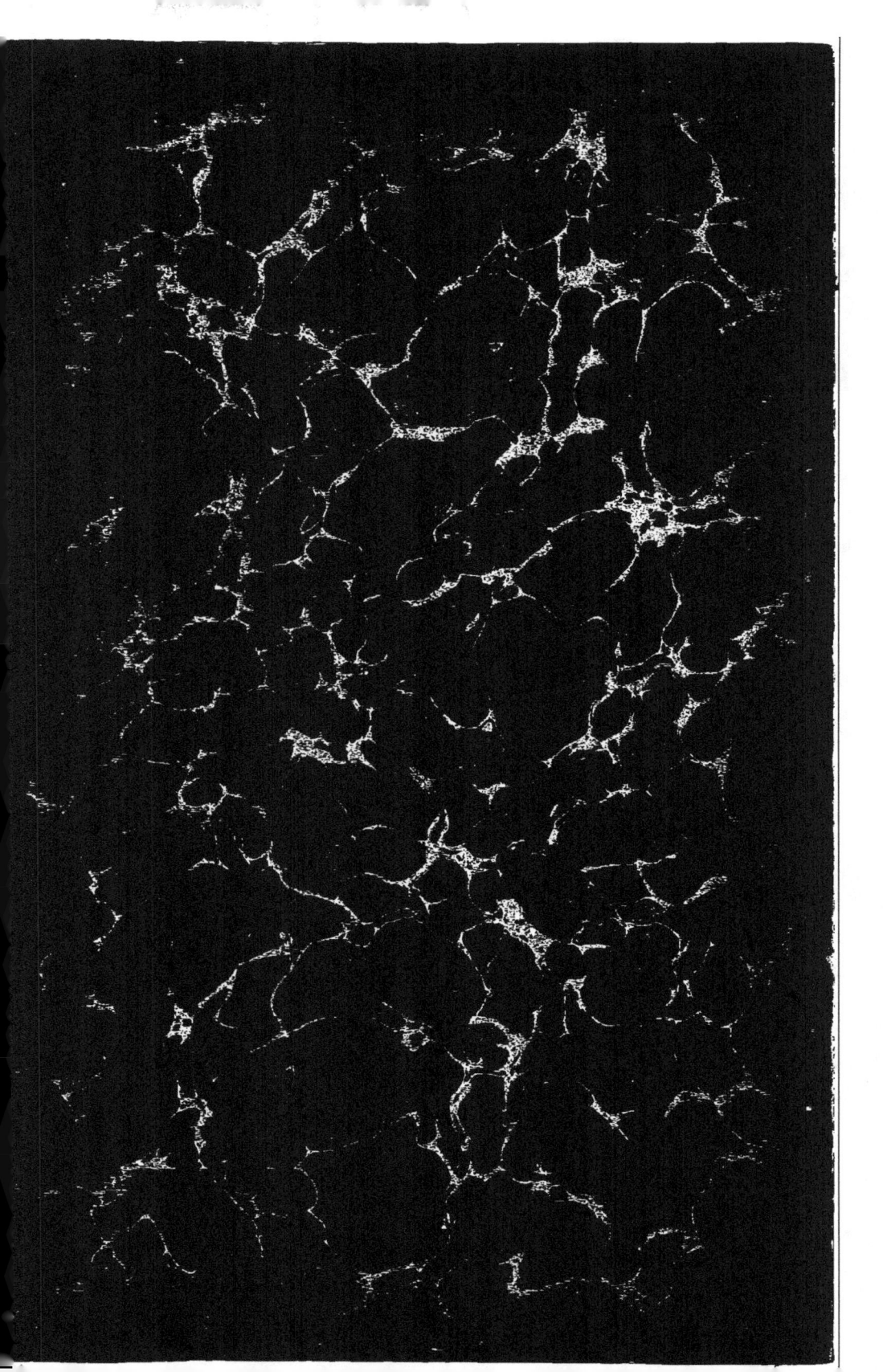

www.ingramcontent.com/pod-product-compliance
Lightning Source LLC
Chambersburg PA
CBHW052059230326
41599CB00054B/3355